엄마도 아들은 처음이라

엄마도 ― 아들은 처음이라

첫 아들을 키우는
엄마를 위한 **심리학 수업**

안정현(마음달) 지음

꿈지락

엄마와 아들
함께 성장 프로젝트

"우리 아들은 말도 없고 무슨 생각을 하는지 모르겠어요."
"별일 아닌 것에 왜 그렇게 화를 내는지."
"동생과 자주 싸우니까 정말 힘들어요."

아들의 엉뚱한 행동 때문에 엄마는 하루하루가 힘겹다고 합니다. 아들이 자존감도 낮고 문제투성이 같아 불안하고 염려스럽다는 것입니다. 아들을 어떻게 키워야 하는지 누군가 속 시원하게 알려주었으면 좋겠는데 물어볼 곳이 없어 막막하다고 합니다. 학창 시절 많은 것을 공부했지만 정작 필요한 부모가 되는 법, 자녀 양육에 대해서는 배워본 적이 없습니다.

엄마와 아들의 다툼이 본격적으로 시작되는 사춘기가 되면 엄마의 염려는 점점 커져갑니다. 아들이 말을 듣지 않고, 대화하기를 거부하고, 수업 시간에 잠만 잔다고 합니다. 엄마로서 아들에게 이런저런 조언을 해도 아들은 듣지 않습니다. 모자는 싸우고 서로를 비난하기도 합니다.

'부모 교육'이라는 말을 들으면 무엇이 연상되나요? 아이를 제대로 키우지 못해서 좌절된 엄마의 모습이 떠오르나요? 아들의 문제 원인이 엄마에게 있다며 죄책감을 전가할 것 같다고 생각되나요? 하지만 남 탓만 하는 진짜 문제가 심각한 부모들은 스스로 '상담'을 받으러 오지 않습니다.

지난 15년간 주의력결핍장애, 틱장애, 불안장애, 품행장애, 분리불안장애, 학습장애, 또래 관계에서의 어려움 등 여러 문제를 가진 아이들을 치료하면서 수많은 아들과 엄마들을 만나왔습니다.

대부분 증상 이면에 부모 자녀 관계에 어려움이 있는 경우가 많았습니다. 엉켜버린 실타래를 풀기 위해서 가위로 잘라버리기 전에 시간을 들여 살펴보고 실을 풀면 되는 것처럼, 아들과의 관계도 노력하면 실마리를 찾을 수 있습니다. 아들 탓만 하던 엄마가 아들의 기질, 특성을 이해하고 성장과정에 대해서 공부하게 되면 엄마와 아들 모두 변화할 수 있습니다.

엄마와 아들 관계가 어려운 이유 중 하나는 여자인 엄마가 남자인 아들의 특성을 이해하지 못하기 때문입니다. 아들은 남성에게 많이 분비되는 테스토스테론 호르몬의 영향으로 공격적이고 충동적인 성향이 높습니다. 또한 관계 중심적인 딸과는 달리 경쟁하려는 경향이 높아서 친구와 다투고 싸우기도 합니다. 엄마는 아들을 다루기가 힘들어서 분노가 폭발하게 되고 아들에게 화를 낸 엄마는 스스로를 자책하게 됩니다.

또 다른 이유는 엄마의 해결되지 못한 과제를 아들에게 투영하는 것입니다. 엄마가 좌절감과 무기력감이 높을 때, 이와 반대로 아들은 엄마가 원하는 이상적인 사람으로 성장해주기를 원합니다. 또한 여자로서 남자 형제와 차별받았던 경험, 친정 아버지와의 관계, 남편과의 갈등으로 인해 남성상이 부정적으로 확립되면 아들에게 부정적인 영향을 주기도 합니다. 엄마가 자신의 갈등을 해결하지 못하고 아들에게 짐을 지운다면 아들의 재능은 꽃피지 못합니다.

이 책은 상담하면서 만났던 다양한 사례를 제시하면서 아들에 대한 이해의 폭을 넓히고, 엄마와 아들의 마음을 함께 살펴보고자 써졌습니다. 엄마는 좋은 엄마가 되려고 애쓰다 좌절해서 불안에 휩싸이는 것을 벗어나, 아들에 대한 믿음을 가지는 것이 필요합니다. 그럴 때 아들은 자신의 있는 모습을 그대로 인정하고 자존감 있는 남자로 성장합니다.

엄마와 아들의 마음을 살펴보는 방법은 다음과 같습니다.

첫째로 엄마가 아들 양육에 극심한 스트레스를 받는 것에서 벗어나는 것입니다. 엄마가 자신의 열등감과 아픔을 솔직하게 바라봐야 합니다. 엄마 자신을 이해하고 도닥일 수 있을 때 아들을 이해할 수 있습니다. 스스로를 이해한 엄마만이 아들을 이해할 수 있습니다.

둘째는 아들의 성향을 변화시키려고 하지 말고 있는 그대로 존중해주는 것이 필요합니다. 존중받은 아들이 자신과 타인을 존중하는 사람이 될 수 있습니다. 엄마와 아들이 서로 심리적 거리를 둘 때 아들은 건강하게 자랄 수 있습니다.

셋째는 아들, 즉 남자에 대해 이해하는 것입니다. 아들뿐 아니라 다른 남자아이들도 비슷한 모습을 보인다는 것을 깨닫게 되면 엄마는 불안함에서 벗어날 수 있습니다. 남자의 기질, 공격성, 모험심, 충동성 등을 살펴보면서 아들을 공부하는 것입니다. 남자를 이해해 아들에 대해 부정적인 시선을 거두고 유연하고 안정적인 관점을 찾는 것입니다.

이 책을 '엄마와 아들 함께 성장 프로젝트'라고 부르고 싶습니다. 모든 아이들은 다릅니다. 이 문제는 이렇게 해결하고 저 문제에는 이런 방식으로 해결하라며 명확한 해결책을 제시할 수는 없습니다.

아이마다 성장 속도도 다르고 타고난 기질도 다르며 세상을 보는 시각도 다르기 때문입니다. 그러나 중요한 핵심은 다음과 같습니다.

"엄마에게 존중받은 아들이 행복한 삶을 살아간다!"

엄마가 아들의 성향을 이해하고 그에 맞는 방법을 찾아 나선다면 엄마와 아들은 함께 성장할 수 있습니다.

아들을 키우는 것은 힘들기만 한 것이 아닙니다. 엄마도 함께 성숙할 수 있는 기회가 됩니다. 아들을 가진 엄마들이 상담이 끝났을 때 "아들을 통해서 나를 알게 되고 아들과 함께 가족이 성장할 수 있었어요"라고 말한 적이 있었습니다. 상담자로서의 보람을 느꼈습니다. 삶의 목적을 잃었던 아이의 모습에 생기가 돌고 엄마가 스스로를 돌볼 줄 아는 사람으로 성장하는 것을 본다는 것은 매력적인 일입니다. 마치 오디션 프로그램에서 풋내 나던 참가자가 전문가의 코칭을 통해 성장하는 것처럼 말입니다.

저는 아들 때문에 힘겨워하는 엄마들을 위해 이 책을 쓰기 시작했습니다. 지금부터 상담실에서 아들과 함께 성장한 엄마들의 이야기를 들려드리겠습니다.

엄마가 무기력감과 좌절감에서 벗어나 여성으로서의 공감, 따뜻함, 부드러움으로 아들을 대하면 아들의 변화가 시작됩니다. 또한 아들의 성향을 존중할 때 아들은 책임감 있고 타인을 배려하며 유머 감각이 있는 남자로 성장할 수 있습니다.

이 책을 통해 아들을 키우며 행복을 느끼는 엄마, 넘어져도 자신의 길을 씩씩하게 걸어가는 아들이 세상에 더 많아지기를 기원합니다.

차례

남자아이를 키우는 건
왜 이렇게 힘들죠?

2장

아들의 특성을 이해하면
방법이 보인다

3장

아들의 자존감을 높이는
엄마의 대화법

4장

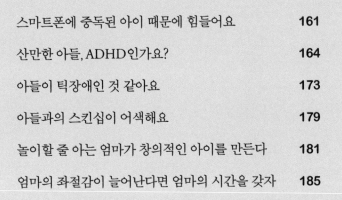

아들을 여유롭게 키우는
엄마 되기

1장

남자아이를 키우는 건
왜 이렇게 힘들죠?

변화는 상대를 바꾸려는 것이 아니라
상대의 입장을 이해하는 것에서 시작됩니다.
타인의 감정을 "그랬구나"라고
앵무새처럼 따라 말하는 것이 아니라,
구체적인 상황에서 상대가 그럴 수밖에 없는
타당성을 읽어주는 것이 필요합니다.

아들이 이해가 가지 않아요

티벳에는 시신을 독수리에게 주면 영혼이 하늘로 올라간다는 '천장'이란 독특한 장례 풍습이 있습니다. 시신을 망치와 주걱으로 조각내 해체하고 의식을 치른 후 독수리들에게 던져줍니다. 현지인 가이드와 스쿠터를 타고 험한 산을 올라 천장을 볼 기회가 있었습니다. 번진 물감처럼 핏자국이 가득한 산 위에 수많은 독수리가 주위에 몰려들었습니다. 천장 풍습이 천 년을 넘게 이어오고 있다는 것이 그저 기이할 뿐이었습니다.

여행사를 차릴 꿈을 가진 웃음기 많은 큰 눈의 이십대 가이드에게 물었습니다.

"젊은 사람들도 천장을 원하나요?"

"네, 아직도 많은 사람들이 죽어서 그렇게 하늘로 가기를 원해요.

가난한 사람들은 죽으면 물고기 밥이 되고요."

　영혼이 새를 통해서 하늘로 전해진다는 고대부터 이어진 이 믿음은 분명 매력적이었지만 독수리가 내 시신을 먹는다고 상상하니 끔찍했습니다. 티벳의 문화를 좀처럼 이해할 수가 없었습니다. 여행을 마치고 돌아와서 천장에 대한 궁금증에 여러 자료를 찾아본 이후에야 의문이 풀렸습니다. 천장은 라마불교의 영향에 의한 것도 있지만, 티벳의 토지는 시체를 묻어도 썩지 않을 정도로 척박해서 이러한 장례 풍습이 생긴 것이기도 했습니다.

　천장이라는 풍습을 티벳의 자연환경, 문화를 알게 되면서 이해할 수 있었던 것처럼, 부모도 자녀의 입장에 서면 이해할 수 있는 것들이 늘어납니다.

자녀의 입장에서 이해해보기

자녀의 입장에서 조금만 관심을 가지면 되는데 자녀의 선택을 '다르다'가 아니라 '틀리다'고 말한 적은 없는지 살펴봤으면 합니다. 한국인인 제가 다른 문화권인 티벳의 천장을 보며 이해하지 못했던 것처럼 같은 문화권, 같은 나라, 같은 민족의, 심지어 같은 집에 살면서도 서로를 이해할 수 없는 경우가 생깁니다. 부모와 자녀가 서로 입장이 다를 때 상담자는 그 누구의 편도 들지 않습니다.

상대가 그렇게 행동할 수밖에 없는 이유에 대해서 알아보는 것이 시작입니다. 상대가 말도 안 되는 행동을 한다는 경직된 틀에서 벗어나서 우선 이야기를 듣는 것부터 해야 합니다.

예전에 서로를 좀처럼 이해할 수 없는 청소년 자녀와 부모가 함께 출연하는 텔레비전 프로그램이 있었습니다. 먼저 부모와 자녀가 등장합니다. 패널들이 양쪽에 질문하며 문제 있는 당사자들을 이해시키려 하지만 간격은 쉽게 좁혀지지 않습니다. 팽팽하게 의견 대립이 벌어지다가 서로를 이해하게 되는 순간이 옵니다. 부모와 자녀가 각자의 상황이 담겨 있는 영상을 보게 됩니다. 이를 통해 그들 각자가 이런 행동을 할 수밖에 없었던 이유가 밝혀지고 서로 화해하게 됩니다.

변화는 상대를 바꾸려는 것이 아니라 상대의 입장을 이해하는 것에서 시작됩니다. 타인의 감정을 "그랬구나"라고 앵무새처럼 따라 말하는 것이 아니라, 구체적인 상황에서 상대가 그럴 수밖에 없는 타당성을 읽어주는 것이 필요합니다. 상담자 또한 내담자들의 구체적인 정보를 알게 되고 대화하게 되면서 내담자가 지각하는 세계를 바라보게 되면 '당신은 그럴 수밖에 없었군요' 하고 이해하게 됩니다.

아울러 내담자가 상담자에게 공감받는 경험을 하면 스스로에 대해 통찰하는 순간이 옵니다. "자세히 보아야 예쁘다. 오래 보아야 사랑스럽다. 너도 그렇다"라며 나태주 시인이 〈풀꽃〉이라는 시에서 말한 것처럼 어떠한 사람도 자세히 보면 그만의 사랑스러움이 있습니다.

아이에게 레이블링을 붙이지 않기

아이에게 레이블링(labeling)을 하지 말아야 합니다. 레이블링이란, 사람이나 행위에 붙이는 부정적인 꼬리표를 뜻하는 말로 부모가 레이블링을 할 경우 아이는 부정적인 정체성을 가질 수 있습니다. 내가 가진 경직된 시각과 특정한 단어들로 아이를 판단해버리면 이해할 기회를 잃게 됩니다. 그래서 판단하는 것을 멈추는 훈련이 필요합니다. 우리가 누군가를 '~한 사람'이라고 결정 내리는 순간, 변화의 여지가 없어집니다. '~한 이유 때문에 ~을 선택할 수밖에 없었구나'라고 숨겨진 이유와 타당성을 찾으려는 노력을 해야만 상대에 대해서 이해할 수 없었던 수많은 물음표들이 풀립니다.

예를 들어 부모가 "밤늦게 돌아다니지 말고 집에 일찍 들어와라" 하고 화를 내도 자녀의 행동이 달라지지 않는다면, 아이가 집 밖으로 돌아다니는 이유를 먼저 찾아야 합니다. 그러나 부모가 상담실을 찾아올 때 대부분은 자녀를 고쳐야 할 아이, 문제가 있는 아이로 인식합니다. 그런데 아이의 입장에서는 상담 받아야 할 대상은 자신이 아니라 부모라고 합니다. 상담사는 아이의 행동에 대해서 구체적으로 탐색합니다. 언제부터 집을 나가서 늦게 들어오게 되었는지, 집 밖에서 도대체 뭘 하고 지내는지에 대해 찾다 보면 아이가 그러는 이유를 알게 됩니다.

부모는 상담사에게 아이를 고치는 방법에 대해서 물어봅니다. 하지만 아이는 고쳐야 할 대상이 아니라 이해받아야 할 대상입니다. 그래서 부모가 아이에게 이런 문제가 있는데 어떻게 해야 하냐고 물으면 상담자는 즉각적으로 쉬운 답을 주지는 않습니다. 질문에 신속하게 답하면 능력 있는 것처럼 보일 수 있겠지만 선무당이 사람 잡는 격이 될 수 있기 때문입니다.

아이는 부모의 공부하라는 소리가 짜증 나 집에 들어가는 것이 힘들 수도 있고, 어릴 때 부모가 무서웠던 기억에 부모를 보기 싫어서, 주변 친구들과 어울리면서 유대감을 느끼고 싶어서 등이 이유일 수도 있습니다. 또는 반항이라도 해서 부모의 관심을 받아보려 그러는 것일 수도 있습니다.

납득해보는 연습

상담하면서 깨닫게 된 것은 부모가 아이에 대해 이해하려는 태도를 보이면 문제 많던 아이도 서서히 변화한다는 것입니다. 물론 꽤 오랜 시간이 걸릴 수 있습니다. 부모와 아이의 관계 변화는 이해가 열쇠입니다. 누구나 그럴 수밖에 없는 이유가 있기 마련입니다. 그래서 부모가 그 이유를 알게 되면 아이의 행동이 잘못된 것이 아니라 아이 나름대로 최선의 방식으로 노력했음을 깨닫게 됩니다.

아이 감정의 타당화, 행동의 타당화를 알아주는 것은 부모에게도 필요합니다. '내가 왜 그랬을까?' 하고 쉽사리 자책 모드로 돌입하는 성향의 사람이라면 '그때는 내가 그럴 수밖에 없었구나'라고 여기거나, 그 이유에 대해 충분히 타당화하면 스스로를 사랑할 수 있게 됩니다. 나를 이해하는 사람만이 다른 사람을 이해할 수 있습니다. 그래서 남 탓만 하는 사람은 변화가 어렵습니다. 누구에게나 그럴 수밖에 없는 이유가 있습니다. 그것이 나를 이해하고 남을 이해하는 관계의 열쇠입니다.

그러기 위해서는 엄마 또한 자책 모드로 들어가는 것을 중단해야 합니다. "제가 왜 그랬는지 모르겠어요"라며 자책만 하고 행동으로 변화하지 못한다면 결과는 달라지지 않습니다. 그건 매일 술을 마시는 사람이 실수하고 그게 또 부끄러워서 다시 술을 마시는 것과 다를 바 없습니다. 우선 실수를 인정하고 화가 났다는 감정 또한 인정하면 됩니다. 그리고 하루에 한 가지씩 작게나마 변화하려고 하면 됩니다.

엄마도 화가 나면 화를 낼 수 있습니다. 오히려 너무 참은 화가 더 크고 갑작스럽게 폭발합니다. 엄마 스스로 화가 나는 상황을 이해하고 받아들여야 합니다. 내 마음을 이해할 때 상대의 마음을 수용할 수 있습니다. 아이의 모든 행동이 옳을 수는 없지만 아이의 감정에 대해서 이해해보려고 할수록 관계의 거리는 좁혀질 것입니다.

아이를 보는 방식에 따라
아이가 달라진다

치료를 하다 보면, 부모로부터 요즈음 아이가 예뻐지는 것 같다는 이야기를 자주 듣습니다. 부모가 아이를 이해하면 아이를 바라보는 눈빛이 달라지고 아이를 대하는 태도가 변합니다. 화나고 슬픈 마음이 풀린 아이는 얼굴선이 부드러워집니다. 제가 봐도 아이의 얼굴이나 눈빛이 달라졌으니 부모 눈에는 얼마나 더 많이 달라졌을까요.

사실 새내기 상담사 시절에는 부모가 아이를 대하는 방식을 이해하는 것이 도무지 힘들었습니다. 자기 자식을 욕하고 미워하는 부모에 대해 반감도 생기고 아이들이 참 안되었다는 생각이 들었습니다. 그러다 어느 순간부터 부모의 내면아이가 보이기 시작했습니다. 그리고 그 아이의 성장에 가장 큰 도움을 줄 수 있는 사람은 부모라는 것을 인정하게 되었습니다.

상담자로서 내담자들을 만나서 해야 할 가장 중요한 일은 그들의 마음을 읽어주는 것이었습니다. 마음을 읽어주는 일은 왜 이렇게 어려울까요? 옳고 그름의 눈으로만 자녀를 바라보면 아이가 하는 일들은 참으로 이해하기 힘듭니다. 부모가 아이를 수용하기 시작할 때 비로소 아이는 변화합니다.

자녀의 자존감 향상을 원한다면, 먼저 자녀를 바라보는 눈빛을 바꿔보세요. 사람은 다른 사람의 행동을 거울처럼 반영하는 거울 반응이 있습니다. 아이는 자신을 수용해주는 사람을 통해서 배워갑니다. 엄마가 아들을 수용하고 그의 말을 마음에 반영함에 따라 달라집니다. 부모가 아이를 바라보는 눈빛이 달라질 때 아이는 부모의 반응을 거울처럼 보게 될 것입니다. 우리 뇌에는 거울 뉴런이 있으니까요. 따뜻한 눈빛과 칭찬의 말 한마디부터 시작합시다. 당장 큰 효과가 보이지 않더라도 시간을 가지고 꾸준히 시도해보시기 바랍니다.

엄마의 열등감, 아들의 자존감

"우리 아이 자존감 좀 높여주세요!"

아이가 열등감이 심해서 자존감을 높여달라는 부모들이 많습니다. 자존감만 있다면 아이가 달라질 것 같다는 이들이 있는데, 자존감은 특별한 방법으로 올라가고 내려가는 것이 아닙니다.

아이의 열등감은 엄마의 열등감과 연결되어 있는 경우를 종종 봅니다. 엄마들은 이렇게 말합니다. 학벌이 초라해서 말하기가 힘들고, 전업주부로 워킹맘들이 부럽고, 배경 없는 친정이 부끄럽고, 직업이 마음에 들지 않고, 엄마로서 아이 양육을 제대로 못 하는 것 같다고. 이런 자기 연민은 먹을수록 독이 됩니다. 다른 사람과 계속해서 비교할수록 자신이 초라하게 느껴집니다.

열등감은 누구에게나 있습니다. 심리학자 알프레드 아들러에 따르면 열등감은 인간 모두에게 해당되는 감정으로 아동기에 형성되어 성인이 되어서도 지속된다고 합니다. 열등감은 초기에 맺는 부모와의 관계에서 시작됩니다. 하지만 이겨낼 수 없는 종류의 것은 아닙니다. 누구나 열등감을 극복하기 위한 노력을 할 수 있습니다. 열등감은 더 나은 자신을 추구하기 위한 동기가 됩니다. 즉, 열등감이 우월함을 추구하도록 나아갈 수 있다는 뜻입니다.

자신의 부족함을 수용하기

어린 시절 신체적으로 왜소한 사람이 근육을 발달시키는 운동을 통해서 보디빌더가 되거나, 대화하는 데 자신이 없어 말을 더듬던 사람이 독서를 통해서 어휘력이 뛰어난 작가가 되는 경우가 있습니다. 그러나 열등감이 커서 왜소한 체격 때문에 운동하지 않거나, 말을 더듬는 것 때문에 사람들을 피해 다닌다면 더욱 예민해지고 대화하는 데 더욱더 어려움이 나타날 수 있습니다. 이렇게 후천적인 노력에 따라 열등감은 긍정적으로 보상될 수도 있고 부정적으로 바뀔 수도 있습니다.

열등감을 극복하기 위해서는 현재 자신의 부족함을 이해하고 수용해야 합니다. 더 나아가 용기가 있다면 그 부족함을 공개하는 것이 좋을 수도 있습니다. 누군가와 비교하느라 점점 작아지는 것 같을 때, 숨어 있지 말고 자신의 부족함을 받아들이고 나아가는 것이 중요합니다. 나만 세상에서 가장 슬픈 사람인 것처럼 여기면 남의 관심을 받거나 연민의 말은 들을 수 있지만, 정말 슬프기만 한 인생으로 끝날 수도 있기 때문입니다. 사람은 자신이 느끼기에 따라 작은 존재가 되기도 하고 큰 존재가 되기도 합니다.

부모와 아이의 관계 제대로 바라보기

아이를 제대로 보기 위해서는 먼저 부모와 아이가 서로 어떤 상호작용을 하고 있는지 탐색해야 합니다. 엄마는 자신의 양육에 대해서 객관적으로 파악하고 이해해야 합니다. 특히 엄마가 자신의 모습을 아이에게 투사할 때가 많기 때문에 엄마의 열등감이 무엇인지 함께 살펴봐야 합니다.

엄마는 자신에 대한 한계를 느낄 때가 있습니다. 스스로를 부족한 엄마라고 생각해 자신을 못마땅하게 여깁니다. 아울러 치료실을 찾은 것에 대해서도 비참함을 느낍니다.

엄마가 아이를 통해서 정체성을 찾으려는 순간, 아이와 엄마는 서로 힘겨움을 느끼게 됩니다. 아이는 주체자로서 자신의 길을 가지 못하고 엄마의 못마땅해하는 눈빛과 태도에 좌절감을 느낍니다.

엄마의 열등감은 아이를 좌절시킵니다. 아이는 엄마의 행동에 분노를 느끼게 되고 결국 어떠한 행동으로든 엄마를 좌절시킵니다. 엄마는 아이를 비난하고 지적하며 다시 좌절감을 느끼게 됩니다.

엄마는 열등감에서 벗어나 스스로를 믿어야 합니다. 또한 필요할 때는 상담을 통해서 충분히 지지받을 필요가 있습니다. 엄마로서의 자부심과 성취감, 아울러 여자로서 자신의 정체성을 찾아갈 때 좌절감은 줄어들 수 있습니다. 한 아이를 양육하는 주체적인 여성으로서의 자신감은 자신만이 성장시킬 수 있는 것입니다.

엄마가 자녀의 특성을 못마땅해한다면 아이들은 자신을 있는 그대로 받아들이지 못합니다. 부모가 산만하다고 하는 아동을 살펴보면 주위에 관심이 많아서 호기심에 차 있고 탐색하려는 의지도 높습니다. 예민하고 내성적인 아동의 경우에는 섬세해서 사물을 깊이 있게 바라보고 사고하는 능력을 가지고 있습니다. 아이의 특성을 인정하고 받아들일 때, 큰소리로 아이를 나무라는 일이 줄어들 때 아이의 열등감은 줄어들 수 있습니다.

엄마의 열등감이 아들에게 미치는 영향

상담할 때 어떤 엄마들은 아이에 대해서 이야기하면서 심하게 분노하거나 울기도 합니다. 특히 자신을 닮은 아이의 모습이나 행동을 보면 어찌할 수 없는 마음이 든다고 합니다. 한 엄마는 아들이 친구들과 어울리지 못하는 모습을 보는 순간 나가서 친구를 사귀라고 하면서 버럭 화를 냈다고 합니다. 나중에 보니 학창시절 친구를 제대로 사귀지 못하던 자신의 모습이 떠올랐던 것 같다고 했습니다. 자신의 내면아이의 채워지지 않는 모습이 아들에게 투사되어 견딜 수 없었던 것입니다.

아들에게 부정적인 감정이 심하게 든다면 비난을 하기 전 자신을 바라봐야 합니다. 내 안에서 과거의 어린아이가 말하고 있는 것은 아닌지, 아들을 통해 내 모습을 만나는 것은 아닌지 말입니다. 상처받은 내 안의 아이를 잘 달래면 놀라운 아이가 숨어 있었다는 것을 발견하게 됩니다.

힘든 기억을 억지로 회피하고 억압하고 있는 것은 아닌지 살펴볼 필요가 있습니다. 슬퍼하는 자가 위로받을 수 있습니다. 눈물의 강을 통과해서 울고 있는 아이를 안아주고 나면 내 안의 건강한 아이가 나타날 것입니다. 내 안의 내면아이를 자라게 하고 욕구를 충족시킬 때 내 아들의 마음을 살펴줄 수 있는 것입니다.

엄마의 열등감을 극복해야
아들의 자존감을 높일 수 있다

가족치료사 존 브래드쇼는 저서 《상처받은 내면아이 치유》(학지사, 2004)에서 부모 안에 내면아이가 있다면 채워지지 않은 욕구 때문에 자녀의 욕구를 충족시켜 줄수 없을 뿐 아니라 자녀에게 화를 낼 수도 있다고 합니다. 또한 부모의 내면아이를 자녀를 통해 해소하려고 이용할 수도 있음을 경고합니다.

엄마의 어린 시절 열등감에 대해서 살펴보고 그것이 아들에게 영향을 미치는지 확인하는 것이 필요합니다.

전업주부인 것이 불만이라면 자신이 할 수 있는 일을 탐색할 수도 있고, 혹은 전업주부로서의 삶이 주는 만족감을 찾는 것도 좋습니다. 엄마의 직업에 불만이 있다면 지금 이 직업을 선택하게 된 동기나 지속하는 이유를 찾아봐도 좋습니다. 돈 때문이라면 돈이 주는 이익을 생각해봐도 좋습니다. 양육에 대해서 자신이 없다면 주변의 엄마나 선배 엄마들에게 물어보거나 자녀교육서를 읽어볼 수도 있습니다.

엄마 자신의 열등감을 이해했다면 아들의 열등감은 무엇인지 살펴보았으면 합니다. 교사나 주변 환경이 원인일 수도 있지만, 엄마가 아들에 대해 불만이 많은 것은 아닌지 보기 바랍니다. 엄마가 가진 열등감의 안경 때문에 아들의 단점만 점점 커져간다면 그 안경을 내려놓을 때입니다. 아들을 있는 그대로 봐주고 장점을 찾아주는 엄마가 아들의 자존감을 키워줍니다.

아이와 기질적으로
맞지 않아요

"선생님, 첫째랑 저랑은 사주부터 꼬인 것 같아요. 제가 점쟁이를 찾아갔는데 처음부터 살이 끼었다고 들었어요. 그래서 안 맞는 것 같아요."

"텔레비전을 보니까 전생으로 여행하는 게 있던데 그것 좀 해주시면 안 되나요? 그러면 이유를 알 수 있지 않을까요?"

상담실에서 엄마들은 자신의 아이가 까다로운 기질이며 키우기 힘든 아들이라고 합니다. 엄마와 아들의 사주나 전생이 맞지 않으면 변화할 수 없는 걸까요? 기질이 맞지 않는 것이 반드시 문제라고 할 수 있을까요? 운명론적인 것만을 논한다면 상담실이 필요 없을 것 같습니다.

기질에 대한 연구

기질은 무엇일까요? 기질은 생후 초기부터 보여지는 타고난 특성입니다. 정신과의사인 알렉산더 토마스와 스텔라 체스가 기질에 대한 연구를 발표했습니다.

그들은 아홉 가지 기준으로 기질을 나눴습니다. 활동 수준, 규칙성, 접근과 회피성, 적응성, 반응의 역치, 반응 강도, 기분, 주의 전환성, 주의 집중과 지속성입니다. 이러한 기질 범주에 따라서 순한 아이, 까다로운 아이, 더딘 아이 세 가지 기질 유형을 나누었습니다.

연구 결과 그들이 파악한 순한 기질의 아이들은 전체의 70% 정도였습니다. 그런 아이들은 부모가 키우기 수월한 편입니다. 먹고 자고 배변하는 것이나 낯선 상황에서 적응하는 것도 힘들지 않습니다. 20~25% 정도의 아이들은 느린 기질입니다. 새로운 상황이나 장소, 사람들과 적극적으로 상호작용하는 것이 힘들고 느립니다. 5~10%의 까다로운 기질의 아이는 욕구좌절에 대한 반응이 강하고 불안, 공격성과 같은 행동 문제나 정서적인 문제를 일으킬 가능성이 높습니다. 아동의 기질은 타고난 개별적 성향이지만 환경적인 요인, 양육 과정이나 외부의 기대에 따라서 변화할 수 있다고 합니다.

또 다른 기질 연구도 있습니다. 1978년 애착 유형을 발달시킨 메리 에인스워스는 한 실험을 진행했습니다. 장난감이 있는 실험실에 유아와 엄마가 들어갑니다. 그리고 그 방에 낯선 사람이 들어가고 엄마는 방을 떠나 낯선 사람과 아이만 있게 합니다. 15분 정도 지난후 엄마가 다시 돌아온 후 유아의 반응을 살펴봅니다. 이 관찰 결과에 따라 유아의 행동양식을 불안-회피 애착, 안정 애착, 불안-저항 애착으로 분류하였습니다.

안정 애착 유아는 미국 유아의 70%로 주변 상황에 관심이 높아 활발하게 행동하며 엄마가 돌아올 때 반기며 분리되는 것에 피해 불안이 적습니다. 불안-회피 애착 유아는 미국 유아의 20%로 주변에 흥미가 없고 엄마와 헤어져도 관심을 보이지 않고 돌아와도 피하려 합니다. 불안-저항 애착 유아는 미국 유아의 10%로 불안이 높아 엄마가 곁에 있어도 탐색을 잘하지 못하고 엄마를 보고 울거나 매달리는 행동을 보인다고 합니다. 엄마와 분리될 때는 고통스러워하지만 엄마가 돌아오면 오히려 밀어내기도 합니다.

에인스워스는 애착은 유아와 부모의 관계에 제한되는 것이 아니라 전 생애를 통해서 유지되는 유대 관계로 정의하였습니다.

애착 유형에 따른 뇌 구조

또 다른 연구에 따르면 안정 애착군은 타인에게 긍정적 피드백을 받을 때 불안정 애착에 비해서 시상하부, 기저핵의 한 부분인 줄무늬체의 부피가 증가합니다. 기저핵은 주의 집중과 정교한 운동 보상과 관련된 정보 처리와 관련되어 있습니다. 특히 기저핵의 한 부분인 줄무늬체는 음식 등의 일차적인 보상을 비롯해 사회적인 보상에 반응합니다.

반면 회피적 애착군은 긍정적 피드백이나 부정적 피드백을 받을 때 편도체의 신경 활성이 감소합니다. 칭찬이나 미소 등의 반응을 비롯해 거절에 대해서도 고통이 적습니다. 사람과의 관계에 대해서 관심이 적습니다.

양가적 애착군은 부정적 피드백을 받을 때 편도체의 신경 활성이 증가합니다. 편도체는 다양한 정서적 자극에 반응하는데 특히 공포와 정적인 상관이 있습니다. 양가적 애착군은 타인의 거절에 대해서 다소 민감한 상태입니다.

아이가 처음으로 관계를 맺는 부모와의 관계의 질은 향후 아이가 다른 사람과의 관계에서 느끼는 정서적인 보상과 관련해서 연관이 깊음을 보여주는 연구들을 살펴보았습니다. 아이의 애착성에 따라 결국 아들의 대인관계도 달라집니다. 그러므로 아들의 뇌 발달에는 엄마와의 애착 형성이 큰 영향을 미칩니다.

아들의 기질과 다른 것을 바라는 엄마

아들이 갈수록 미워져서 같이 사는 것이 힘들다는 엄마들을 만나게 됩니다. 엄마가 원하는 아들과 실제 아들의 모습이 다르거나, 자신의 못난 모습을 뼛속까지 닮은 것을 볼 때 견디지 못하겠다고 합니다. 엄마가 아들의 기질 때문에 힘들다고 할 때 이유를 살펴보면 엄마가 원하는 아들의 모습이 아닐 때가 많습니다. 어떤 엄마는 적극적이고 활달하고 리더십 있는 성격을 선호하기도 하고, 또 다른 엄마는 조용하고 독서를 많이 하고 차분한 성향을 좋아하기도 합니다. 실제는 기질의 문제가 아니라 엄마가 선호하는 아이의 성향만 바라고 있는 것은 아닌지 생각해봐야 합니다.

그래서 아들에게 원하는 것이 뭐냐고 물으면 엄마는 실제 존재하는 아들과 다른 모습을 그립니다. 가상의 아이와 실제 아들을 비교하는 것입니다. 아들은 왼쪽으로 가고 있는데 오른쪽으로 가야 한다고 여기는 엄마의 생각 때문에 아들의 자존감은 낮아져갑니다. 또한 엄마는 원하는 아이로 키우고 싶은 것이 뜻대로 되지 않아 좌절합니다.

무엇보다 부모가 자신의 못난 면, 열등감이 있는 면을 받아들이지 못할 때 이런 일들이 발생합니다. 엄마는 엄마의 길, 아들은 아들의 길이 있다는 것을 인정할 때 아들을 받아들일 수 있습니다. 자꾸만 아들이 미워진다면 나 자신을 먼저 받아들여야 합니다. 그 이후에 아들을 가치 있는 존재로 받아들일 수 있게 됩니다.

기질만큼 중요한 것은 엄마와의 상호작용

아들만 탓한다고 문제가 해결되지 않습니다. 실제 아들과 엄마와의 상호작용을 살펴봐야 합니다. 불안-회피 애착 유형의 엄마는 원하는 대로 되지 않을 때, 자녀에게 화를 내며 아이의 요구에도 반응이 적습니다. 불안-저항 애착 유형의 엄마는 자기 기분에 따라서 행동합니다. 안정 애착의 엄마는 아이에게 민감하게 반응하고 아이와의 접촉을 즐기며 아이가 새로운 탐색을 하는 것을 장려합니다.

엄마의 민감성과 반응성에 따라서 아이의 행동양식이 달라질 수 있습니다. 즉, 엄마가 아이의 행동에 대해서 민감하게 살펴주고 반응해주고 일관적인 태도를 보이는 것이 중요합니다. 아이가 하는 행동과 관련해 엄마가 기분에 따라 다르게 반응한다면 아이는 엄마에 대해 편안함을 느끼지 못하고 힘겨워합니다.

엄마가 아이의 모습을 그대로 인정해줄 때 아이는 자신감을 가질 수 있습니다. 엄마의 어린 시절을 기억해봤으면 합니다. 어린 시절 자신의 모습을 인정받지 못했던 경험이 있었는지 생각해봤으면 합니다. 어린 시절 친정 부모에게 원하지 않는 모습으로 변화를 요구받았을 때 무척이나 불편했을 것입니다. 부모는 마음에 들지 않는 모습을 자녀가 반복할 때 그 모습에 화가 나기도 합니다. 하지만 아이가 부모로부터 있는 모습 그대로를 인정받지 못하면 자신을 부족하고 모자라는 아이로 여기게 됩니다.

아이의 기질과 엄마의 양육 태도가 합해져서 현재 자녀의 모습이 되었다는 것을 인정하는 것이 필요합니다. 심리학자 빅터 프랭클은 자신의 문제에 대해 계속해서 다른 사람들을 비난함으로써 자신의 책임을 수용하지 않는 내담자는 치료에서 효과를 얻기가 어렵다고 했습니다. 치료실에서도 엄마는 변하지 않고 아이만 고쳐달라고 하면 변화가 어렵습니다.

그러므로 예민하거나 까다로운 아이의 기질이나 성향은 바꾸기 어렵지만, 엄마가 어떤 민감성과 반응성으로 아이를 대할지는 선택할 수 있습니다.

아들이 엄마에게 다가갈 때 주로 어떤 말을 하는지 기억해보세요. 아들이 엄마에게서 긍정적인 피드백을 받는지, 부정적인 피드백을 받는지 살펴보는 것입니다. 어떤 식으로 말하는지 확인하는 시간을 갖기 바랍니다.

아들과의 더 나은 대화를 위해 엄마가 지금 해야 할 과제가 있습니다. 내일로 미루지 말고 지금 했으면 합니다. '아들은 어떤 기질의 소유자로 보이는가?' '아들과 나와 기질이 비슷한 점은 무엇인가?' '아들의 기질 중에서 마음에 들지 않는 것은 무엇인가?' 이 세 가지를 생각해보세요.

그대로 바라보고 인정하기

회피 애착인 경우 타인의 행동에 관심이 없고 무반응 하는 경우가 많습니다. 예민해져서 작은 소리에도 민감해지는 경우도 있습니다. 친구의 거절에 대해서 지나치게 민감하다면 불안정 애착인 경우일 수 있습니다. 엄마 또한 주변 사람들의 반응에 지나치게 민감하지는 않은지 살펴보았으면 합니다.

아이의 애착 장애를 걱정하기 전에 아이에게 하는 언어습관을 바꾸는 것부터 시작합시다.

우선 엄마가 자주 하는 말이 무엇인지를 아는 것이 중요합니다. 부모는 은연중에 위협, 협박, 비난을 하기도 합니다. 아이의 삶을 걱정하다가 오히려 부정적으로 예측하는 것입니다. 그러기보다 아이의 현재 상태를 이야기하는 방식으로 바꿔보면 어떨까요? "너 그렇게 해가지고 어떻게 하려고 그러니"라는 말 대신 "너는 지금 이렇게 하고 있구나" 하고 미러링 하는 것이 도움이 됩니다. 아이의 행동을 언어로 읽어주는 것입니다. 조언하고 싶다면 이후에 "엄마는 이렇게 했으면 하는데 너는 어떠니?"라고 덧붙여서 이야기합니다.

애착은 대물림되는 경우가 많습니다. 놀이치료에서 엄마와 상담해보면 엄마 자신도 친정어머니와 친밀한 관계를 맺지 못한 경우가 많습니다.

대부분의 엄마는 부모가 되는 법을 배워본 적이 없습니다. 아이를 제대로 키우지 못할까 봐 염려나 걱정을 하기보다는 지금부터 변화를 시작해봅시다. 아들의 기질이 문제라고 원망하거나 양육을 제대로 하지 못했다고 죄책감 때문에 힘들어하지 말고 지금부터 아이를 제대로 살펴보는 것입니다. 우리 아이는 이런 아이라고 레이블링을 붙이기 전에 아이를 있는 그대로 바라보고 인정하세요. 그리고 아이가 어떤 생각하는지 물어보는 것부터 시작하면 됩니다.

엄마가 아들의 생긴 모습, 친구들, 좋아하고 싫어하는 것들을 있

는 그대로 받아줄 때 아들은 자신의 유일무이를 인정하고 삶을 대처
해나갈 힘을 얻을 수 있습니다.

아들에게 선택의 기회를 주자

요즘에는 외동인 경우가 많아서 아이를 과잉보호하는 부모를 종종 보게 됩니다. 화장실의 뒤처리를 해주는 이들도 있고, 준비물을 가져가지 않으면 학교까지 찾아가서 전달하기도 하고, 음식을 떠먹여주는 것도 무수하게 봤습니다. 아들을 따라다니고 과도하게 도와주려고 하며 아들의 불편함을 해소하려는 것은 아들의 성장을 막을 수 있습니다.

'헬리콥터 마미'라는 단어가 있습니다. 자녀의 곁을 떠나지 않고 대학 생활, 직장 생활까지도 간섭하면서 맴도는 엄마를 뜻한다고 합니다. 상담 상황에서는 헬리콥터 마미뿐 아니라 헬리콥터 이모·삼촌·고모를 만나기도 했습니다.

한 학생이 극단적 행동을 하고 극심한 우울증을 진단받은 적이 있습니다. 그때 상담 대학원을 다닌다는 학생의 친척이 연락해와서 병원에서 아이를 부정적으로 보고 있다면서, 전문가가 잘못 본 것을 제대로 알려주겠다며 면담을 요청하기도 했습니다. 상담을 공부할수록 자신을 감찰해야 하는데 우월성을 주장하는 이들이 있습니다.

가끔은 조카의 상담 내용을 알려달라거나, 직장인 딸의 상담 내용을 부모가 알아야겠다고 고집하기도 합니다. 하지만 내담자의 상담 내용은 비밀이고, 보호자 이외의 사람과 면담할 이유도 없고, 상담 시간 이외에 따로 시간을 낼 이유도 없어서 거절하고 있습니다.

그러나 경계선이 없는 어른들은 자녀나 친척의 일을 자신이 다 해줘야 한다고 믿으며 오지랖을 부립니다. 자신이 모든 것을 다 해야 한다는 생각은 어쩌면 자신의 열등감을 해소하려는 것일 수도 있습니다. 또 불안한 마음 때문일 수도 있습니다. 이런 어른은 타인을 좌지우지하려고 하기 때문에 자녀를 무기력하고 우울하게 만들기도 합니다.

선택에도 연습이 필요하다

아들이 청소년이 되면 자신의 생각으로 목소리를 내기 시작합니다. 독립성과 의존성 사이에서 갈등하는 때로 질풍노도의 시기라고도 부릅니다. 달라진 아이의 모습에 "이럴 땐 저 어떻게 해요?"라면서 난감해합니다.

엄마는 부모로부터 독립해 하나의 개체가 되려고 하는 남자의 특성과 사춘기에 어떤 변화가 있는지 살펴볼 필요가 있습니다. 예를 들어 옷을 선택할 때도 아이는 기분에 따라 다르게 행동합니다. 어느 날은 아침에 추울 것 같아서 두꺼운 옷을 입고 가라고 하면 아들은 간섭하지 말라고 짜증 냅니다. 어떤 날은 간섭하지 않고 내버려두면 나한테 왜 이리 관심이 없냐고 서운하다고 합니다. 아들은 엄마에게 의존하고 싶은 욕구와 자신이 선택하고 싶은 욕구 사이에서 고민합니다. 이것은 변덕이 아니라 자연스러운 성장과정입니다. 즉 독립과 의존 사이에서 갈등하면서 선택할 수 있는 기회를 가질 때 자신의 선택에 힘을 가지게 됩니다.

엄마 배 속에 있을 때 엄마와 아이는 하나입니다. 태어난 직후에 아이는 엄마에게 완전히 의존해서 자라는 공생기를 거칩니다. 이후 아이가 자라면서 타인에게 다가갔다가 다시 엄마에게 돌아오기를 경험하는 시기가 있습니다. 만약 엄마가 아이가 위험할까 걱정돼 타인에게 가지 않게 꼭 붙들고 있다면 어떻게 될까요? 위험을 두려워해서 안전만을 찾는다면 아이는 주변을 탐색하지 못하고 성장하지 못합니다. 아이가 넘어지고 무릎이 까지는 위험을 감수하더라도 아이를 놔줘야 합니다. 엄마가 꼭 옆에 있지 않아도 나와 함께 있음을 믿는 대상영속성을 가지게 되면 엄마가 없어도 안정을 가지고 타인과 관계를 맺을 수 있습니다.

경제학자 찰스 핸디는 《찰스 핸디의 포트폴리오 인생》(에이지21, 2008)에서 부모의 태도와 기대가 아이를 연금술사로 자라게 하는 데 중대한 영향을 미친다고 했습니다. 아이에게 적절한 책임감을 부여하고, 본인의 호기심을 시험할 수 있는 기회를 제공하고, 실수란 있을 수 있는 일이며 변화가 흥미롭다는 사실을 가르치고, 이런 것들이 모두 연금술사가 될 수 있는 초기 씨앗들이라고 했습니다. 또한 아이의 다양한 시도를 장려하지 않고 억누르면 내면의 창조적 본능이 자라지 못할 위험이 있다고 했습니다.

아이가 실패를 하더라도 스스로 할 수 있는 일, 즉 선택하는 일을 늘리는 것이 필요합니다. 예를 들어 옷을 매번 골라줬다면 아이는 옷을 선택하는 것도 힘들어합니다. 아이에게 처음부터 알아서 옷을 입고 가라고 하면 힘들기 때문에 네 벌 중 하나를 고르게 선택하도록 하면 됩니다. 아이가 실수도 하고 성공도 하면서 자신이 선택하는 힘을 배워간다면 원하는 것을 만들어나갈 수 있는 힘이 생깁니다. 아이가 원하는 것이 무엇인지 생각해보지 않고 엄마의 방식으로 아이를 양육하고 있다면 자신의 행동을 다시 살펴봐야 합니다.

가끔 몇 년씩 집 밖으로 나가지 않는 성인 내담자 중에 어린 시절

부터 부모가 선택하고 그것을 그대로 따랐던 착한 아들이었던 경우를 봅니다. 부모의 입장에서 최상의 선택을 한다며 학원, 대학, 취업까지 모든 것을 골라주면 아들은 실패를 경험하지 못합니다. 어른이 되어서 한두 번의 실패만으로도 쉽게 좌절하고 세상 밖으로 나가기를 거부하는 경우도 보게 됩니다.

아들이 영웅이 될 기회

남자아이에게는 탐색의 기회가 필요하며, 영웅이 되고 싶은 본능이 있습니다. 영화 속 히어로들은 멋지게 변신해 위협하는 적들과 싸워서 이깁니다. 아들도 아이언맨처럼 변신하거나 스파이더맨처럼 적을 이길 정도로 강해지고 싶어 합니다. 남자들이 어른이 돼서도 액션 영화를 좋아하는 이유도 마찬가지입니다.

동화나 신화를 보면 영웅들은 고난이 예상되더라도 여행을 시작합니다. 그리고 결과적으로 시련을 이기고 소중한 보물을 갖고 오거나 적을 무찌르고 집으로 귀환합니다. 어떤 영웅도 집에 가만히 앉아서 영웅이 된 경우는 없습니다. 이처럼 아들도 부모를 반드시 떠나야 합니다. 인디언 성인식에서는 아들이 밤에 혼자 지내도록 부모와 떼어놓는 풍습이 있습니다. 그리고 모닥불만 줘여 보내 특별한 시험을 통과하도록 합니다. 누구의 도움도 받지 않고 혼자 성인이 되는 것입니다.

아이를 돌보는 것에 빠져 있었던 엄마라면 어떻게 해야 하는지 생각해봅시다. 여성에게는 돌봄의 욕구가 있습니다. 타인을 돌보는 데 많은 시간을 보냅니다. 동화 속의 백설공주는 난쟁이들의 집을 청소하고, 피터팬의 웬디는 네버랜드 아이들에게 책을 읽어줬습니다. 그러나 동화 속에서도 백설공주는 난쟁이를 돌보기를 중단하고 잠이 들었을 때 왕자를 만날 수 있었으며, 웬디는 네버랜드에서 어린아이들을 돌보기를 그만두고 현실로 돌아와서야 성인이 될 수 있었습니다.

아들의 발달과정에 따라서 엄마의 역할도 변해야 합니다. 즉, 엄마로서의 영역에서 벗어나서 여성으로서 살아가야 합니다. 드라마 〈뿌리 깊은 나무〉에서 세종의 호위무사인 무휼은 "성상은 성상의 길이 있고 자신은 장군으로서의 길이 있다"고 외쳤습니다. 그는 임금의 명을 거부하고 세종을 지켜냈습니다. 그에게는 자신의 목소리가 있었습니다. 아들도 엄마가 아닌 다른 삶에도 자신의 길이 있음을 찾아야 합니다.

최고 대신 차별화에 집중하자

팀 버튼의 영화 〈비틀쥬스〉에는 기괴한 캐릭터와 괴상한 의상이 많이 나옵니다. 디즈니 만화를 좋아하던 내게 이 영화는 낯섦 그 자체였습니다. 처음으로 접한 B급 스타일 영화였습니다. 팀 버튼은 어둡고도 음습한 세계를 놀랍도록 매력적으로 묘사했습니다. 밝은 빛의 주류 영화만이 정답은 아닐 수 있겠다 싶었습니다.

그전까지만 해도 영상은 아름다워야 하며, 스토리의 결말은 착한 사람이 행복하게 끝나는 것으로 이어져야 한다고 믿었습니다. 일종의 판타지를 기대했던 것이지요. 사실 우리 삶 자체가 햇빛만으로 가득 차 있지는 않습니다. 현실에서는 착한 이는 복을 받고 악한 이가 벌을 받는 권선징악의 스토리는 이루어지지 않을 때가 많습니다. 디즈니 영화처럼 결혼해서 행복하게 잘 사는 공주와 왕자도 드뭅니다.

팀 버튼의 영화가 그로테스크한 것은 그 자신이 어린 시절 우울하고 공동묘지에서 놀면서 해골 그림을 그리던 아이였기 때문입니다. 그는 B급 영화를 좋아했고 공포영화에 매료되어 있었다고 합니다. 이런 팀 버튼은 영화에서 사람들이 드러내지 않는 다른 모습, 즉 소외되고 분열된 인간상을 그리고 있습니다.

모든 아이가 일류가 될 필요는 없다

중고등학교 시기는 좋은 성적을 받는 것만이 정답으로 여겨집니다. 고등학교 성적은 1~9등급까지의 등급이 매겨지고, 카스트제도처럼 등급에 따라서 삶도 달라질 것 같습니다. 그런데 현실에서는 모두가 성적이 좋을 수 없습니다. 학창 시절에 모든 부모가 공부 잘하고 인기 많고 외모가 뛰어난 사람이 아니었던 것처럼 말입니다.

이류 배우론을 이야기했던 차인표 씨의 말이 떠오릅니다.

"전 이류 배우입니다. 하지만 세상에 꼭 일류 배우만 있어야 한다고 생각하지 않습니다. 일류 배우만 있으면 얼마나 재미없겠어요? 진지한 연기만 매일 볼 순 없지 않아요?"

일류 배우와 비교하며 열등감을 느끼지 않을까 싶었는데 그는 자신에 대해서 만족해합니다.

모두가 원하는 최고의 자리는 한정되어 있습니다. 부모들 대부분이 "어릴 때로 돌아간다면 무엇을 하겠느냐?"란 질문에 "공부를 열심히 하겠다"고 합니다. 부모는 어린 시절 공부를 제대로 해보지 못한 것이 후회가 되고 원하던 대학에 가지 못한 미련이 남았습니다. 그래서 자신은 할 수 없어도 내 자식만은 후회하지 않는 삶을 살기를 바랍니다. 일류로 키우고 싶은 욕심을 부리지만 내 뜻대로 되지 않는 아이 때문에 화가 납니다.

부모 세대에는 공부를 잘해서 의사, 변호사, 검사 또는 대기업 사원이 되면 안정된 미래가 보장되었습니다. IMF를 겪으면서 직장이 미래를 지켜주지 못한다는 것을 경험했지만 공부를 열심히 하는 것 말고는 방법을 모릅니다. 당연히 학업 등급이 좋을수록 갈 수 있는 대학도 많아지고, 기회도 많아집니다.

부모가 자녀의 낮은 성적 때문에 야단치기 시작하면 아이는 열등감을 가지게 됩니다. 하고 싶던 것을 이루지 못하고 공부를 제대로 못했던 부모의 열등감을 아이들이 물려받고 있을지도 모릅니다. 팀 버튼 감독이 아웃사이더, 주류에서 쫓겨난 인물들에 대해 그리면서도 친밀감을 가지고 바라보는 것은 그가 자신을 이해하고자 노력했기 때문인 것 같습니다.

청소년기는 생애 중 가장 자존감이 낮은 시기라고 합니다. 상담을 하면서 아이들은 자신의 어둡고 내밀한 부분을 열어 보입니다. 같은 교복을 입었지만 공장에서 찍어낸 상품처럼 똑같은 삶을 살고 싶어 하는 아이는 없습니다. 러시아 혁명사에 대해서 관심을 갖는 아이도 있고, 공부를 잘하지만 그림을 그리고 싶어 하는 아이도 있습니다. 어떤 아이는 세상에 대해 갖는 비판적인 시각을 그 누구도 이해하지 못할 것이라며 혼자만의 세계에 갇혀 있고 싶어 하기도 합니다.

간혹 섬세하고 예민한 아이들은 부모로부터 환영받지 못할 때도 있습니다. 부모가 평범하게 살아야 한다면서 있는 그대로의 아이를 받아들이지 못하는 것은 아닌지 살펴볼 필요가 있습니다. 모든 아이는 세상에서 단 한 명뿐입니다. 유일한 아이의 독특함을 인정해야 합니다. 부모가 아이를 있는 그대로 받아들이지 못하고 고치려 할 때마다 아이의 독특함은 닳아서 없어집니다.

아이만의 길을 믿어주기

미래학자 다니엘 핑크는 《새로운 미래가 온다》(한국경제신문, 2012)에서 미래를 예측하고 이에 걸맞는 인재상을 논의했습니다. 책에 따르면 미래는 하이콘셉트와 하이터치의 시대라고 합니다. 하이콘셉

트와 하이터치의 시대는 나만이 만들어낼 수 있는 창조능력을 갖춘 사람을 원한다고 합니다. 그래서 이전에 생각하지 못한 새로운 것을 창조하거나 제품이나 서비스에서 아름다움을 이끌어내며, 남다른 대인관계 능력을 갖추는 것이 중요하다고 합니다.

최근 아이들의 선망을 받는 직업 중 하나는 유튜브 크리에이터입니다. 유명 유튜브 크리에이터로 도티, 잠뜰, 대도서관이 있습니다. 이들은 수입도 좋고 인기도 많기 때문에 아이들은 크리에이터가 되고 싶어 합니다. 부모가 어린 시절에 최고의 직업이라 여겼던 변호사 중 사무실 임대료를 내기 힘들 정도로 힘든 사람도 있다고 합니다. 전에는 의사도 개원만 하면 잘되었는데 지금은 그렇지 않습니다. 앞으로의 직업 세계가 어떻게 될지 부모는 알 수 없습니다.

아들을 돕고 싶은 마음은 크지만 어떻게 양육해야 할지 모르는 분들을 만납니다. 어디서부터 어떻게 아들을 다루어야 할지 모르겠다고 합니다. 다른 아이들과 같지 않은 아이를 틀렸다면서 고치려고 하고 있는지 생각해봤으면 합니다. 그리고 디즈니를 퇴사하고 자기만의 영화 세계를 구축한 팀 버튼 감독처럼 또래와 다르다고 해도 아이를 믿어주는 엄마들이 늘어났으면 좋겠습니다.

아들의 성적은 부모가 원하는 성적에 못 미칠 수도 있습니다. 아이들은 성적이 낮을수록 자기 성적을 잘 모르겠다고 합니다. 만족스러운 성적이 나오지 않으면 시험지를 찢어버리거나 밀어버리는 아이들이 있는데, 그 성적표부터 봐야 합니다. 부모도 아이가 현재 나올 수 있는 성적이 지금은 이 정도라고 인정해야 합니다.

엄마도 한계가 있으며 완벽하지 않듯 아이의 성적을 옆집 아이 성적과 비교해서 기죽이거나 경쟁시킬 필요는 없습니다. 물론 등급이 좋을수록 갈 수 있는 대학도 많아지고, 기회도 더 생깁니다. 하지만 원하던 대학, 원하던 직업을 갖지 못한 부족함을 찾기보다 지금껏 내가 이루어놓은 것들을 바라볼 수 있어야 합니다.

다른 이들이 정답이라고 말하는 방식과 다르더라도 남과 비교하지 않고 자기를 믿고 준비하는 이들이 많아졌으면 좋겠습니다.

멘토가 될 어른을 찾자

영화 〈파파로티〉의 주인공 장호는 고등학생이자 조직폭력배입니다. 영화는 장호가 의지할 선생님을 만나 성악가로 성장해가는 내용을 담고 있습니다. 할머니와 단둘이 살아오던 장호는 할머니의 죽음 이후 혼자가 됩니다. 어디로 가야 할지 모르는 장호에게 조직폭력배들이 그를 가족으로 맞아주었습니다. 주인공에게 조직폭력배 두목이 햄버거집에 앉아 말했습니다.

"여기에서 가장 불쌍한 사람이 누군 줄 아니? 바로 나야. 난 꿈이 없거든."

조직폭력배 두목은 꿈이 없다고 고백합니다. 그는 조폭 일만 하다 인생이 끝날 것이라고 말합니다. 장호는 익숙한 조직폭력배의 삶과 가능성만 있는 성악가의 삶 사이에서 고민했습니다.

비행 청소년들을 만나보면 나쁜 친구들을 만나서 잘못된 것이 아니라, 외로워서 친구가 필요했던 경우가 종종 있습니다. 하지만 부모는 그저 시간을 지키지 않고 늦게 들어오는 아이에게 화를 냅니다. 성적도 낮고 집에서도 환영받지 못하니 아이는 어디에서도 소속감을 느끼지 못합니다. 부모나 친구에게 소속되지 못한 아이들은 사회적 지지 체계가 부족하게 됩니다.

장호는 음악교사 상진을 만나 성악을 배우게 됩니다. 사실 상진은 처음에 장호가 마음에 들지 않았습니다. 제가 상담을 시작하고 비행 청소년을 처음 만났을 때가 떠올랐습니다. 오토바이 타고 오고, 담배와 술에 찌든 냄새가 나고, 선생님에게 소리나 지르는 아이들을 이해할 수 없었던 것처럼 상진은 장호를 싫어합니다. 상진과 장호가 친해진 계기는 짜장면을 먹으면서였습니다.

소소한 대화는 변화의 시작입니다. 장호는 상진과 대화를 나누면서 센 척, 강한 척하지 않아도 누군가와 친밀해질 수 있다는 것을 알게 되었습니다. 마음을 열어본 적도 없고 수용받아본 적도 없는 아이들은 교훈이나 지적으로 바뀌지 않습니다. 삶이 무질서한 아이들은 변화의 속도가 느려서 답답하겠지만, 아이의 삶은 미완성이고 현재의 모습이 끝이 아님을 믿어야 합니다.

아들과 정서적 친밀감 만들기

대개 딸보다 아들 키우기가 더 힘들다고 합니다. 귀엽고 사랑스럽기만 하던 아들이 엉뚱한 행동을 하기 시작하면 엄마의 마음은 타들어 갑니다. 초등학교 저학년을 지나 사춘기에 접어들면서 아들은 더 이상 엄마의 말을 잘 듣지 않고, 대화를 거부하며, 수업 시간에 잠만 자기도 합니다. 싸우고 서로를 비난하며, 그렇게 한때 다정하기만 했던 엄마와 아들의 관계는 멀어져갑니다. 아들과 원만한 관계를 맺고 싶어서 다양한 노력을 기울이는 엄마의 바람은 간절하지만, 그 바람은 곧 좌절되며 엄마에게 죄책감만 가져다주기 쉽습니다.

문제를 일으키는 비행 청소년들은 정서적인 친밀감을 경험하는 것이 필요합니다. 아들을 존중해주고 자신의 행동에 대한 책임감을 갖도록 하는 것이 필요할 수 있습니다.

아들이 성장하기 위해서는 편안히 머물 수 있는 안전 기지가 필요합니다. 〈파파로티〉에서 상진의 가족은 장호에게 안전 기지가 되어주었습니다. 장호가 조직을 떠날 때는 포기해야 할 것들이 많았습니다. 타인을 함부로 할 수 있는 권력, 멋있는 자동차 그리고 자신에게 고개를 숙이던 동생들을 두고 떠났습니다.

품행장애 아이들도 학교와 가족을 선택하는 데는 용기가 필요합니다. 함께 어울리던 친구들을 내려놓고, 친구들에게 힘 있는 척했던 모습도 포기해야 합니다. 의지할 만한 어른이 있다는 것은 아이에게 따뜻한 경험이 됩니다. 상진의 집은 장호가 조직폭력배 생활에서 벗어나 성악가로서의 배움을 위해 이탈리아로 떠나기 전 머무를 장소가 되었습니다. 엄마의 따뜻한 지지와 격려를 받았던 경험이 충분한 아이는 독립할 수 있는 힘이 생깁니다.

상진이 준 가족의 사랑이 장호를 성장시킨 것입니다. 문제투성이 아이에게는 위로해줄 어른이 필요합니다. 아이의 문제 행동에 정확한 가이드라인을 제시하면서도 든든한 지지자가 되어주는 어른이 있다면 아이는 성장할 수 있습니다.

문제투성이의 아이들을 끝까지 포기하지 않고 버텨주는 선생님들이 있습니다. 비행 청소년들에게 자퇴나 전학을 권유하지 않고 아이들을 끝까지 지켜주는 경우입니다. 학교폭력 가해자를 위해서 자필 편지를 돌리는 분도 있었고, 다른 선생님과 갈등 상황에 있는 아이를 위해서 중재자 역할을 해주는 선생님도 있었습니다.

좋은 모델이 될 만한 어른을 멘토로 둔다면 아이의 발달에 도움이 될 것입니다.

2장

아들의 특성을 이해하면
방법이 보인다

어느 날 갑작스럽게 생기는 일은 없습니다.
큰 사건이 일어나기 전에 작은 사건이 잇따라 생기는 것을
하인리히법칙이라고 합니다.
아이의 마음을 헤아리고 읽어준다면
극단적인 행동이나 문제가 발생되지는 않습니다.

어느 날 갑자기
아들이 변했어요

"선생님, 우리 애가 갑자기 달라졌어요."

부모들은 유순하던 아이가 날라리 친구들과 어울려 다니면서 변한 것 같다고 합니다. 아들 친구의 부모 입장에서는 내 자식이 불량스러운 친구일 수도 있겠지만요. 아이가 변하는 시기는 사춘기인 초등학교 4~5학년 또는 중학생이 되면서부터입니다.

부모의 속을 뒤집는 아이들을 만나보면 초등학교 때부터 거친 아이들은 아니었습니다. 말을 잘 듣고 성실하고 착한 아이들이었던 경우가 많습니다. 그랬던 아이가 갑자기 변한 것에 부모는 놀라고 아이가 자라면서 비행은 점점 더 늘어갑니다. 집에 늦게 들어오고 수업시간에 졸면서 제대로 듣지 않고, 학교를 그만두고 검정고시를 보겠다고 엄마의 속을 뒤집기도 합니다. 부모가 올바른 길로 인도하기 위해서 설득해도 아이는 더 이상 부모 말을 듣지 않습니다. 부모의 목소리는 더욱 커져가고, "너 때문에 내가 죽겠다"고 소리 지르고 때리기도 합니다. 그러나 아이는 꿈쩍도 하지 않습니다. 이로 인해 부모와 아들 사이에는 팽팽한 긴장감이 돕니다.

잉여의 시간이 필요한 아이를 위해

다리를 벌리고 삐딱하게 앉은 재욱이는 "쌤, 나 잉여죠?"라고 했습니다.

재욱이는 세상의 기준으로 보면 루저고 잉여입니다. 학교폭력 가해자로 상담실에 온 아이로 술을 마시는 건 기본이고, 중학교 시절부터 담배를 피웠으며, 학교에서 잠을 자고 밤에 활동을 해 밤낮이 바뀌었습니다. 결국 선생님과 싸우더니 학교를 그만둬버렸습니다. 잉여 인간인 재욱이는 상담 시간에도 오고 싶을 땐 오고, 오기 싫으면 오지 않았습니다.

한국은 썩었고 대책이 없어서 외국으로 가야 자유를 얻을 수 있다고 열변을 토했고, 학교가 불공평하다며 욕을 해댔습니다. 저는 이 불평불만으로 가득한 잉여 인간의 끊임없는 하소연을 들었습니다. 그래도 재욱이는 핑크 플로이드의 〈Another Brick In The Wall〉

뮤직비디오에서 한 줄로 선 아이들이 소시지가 돼서 나오는 것처럼 규격에 맞춰져 생산된 아이는 아니구나 생각했습니다.

저는 학창 시절 선생님의 말을 따라가기 바빠서 방황이라고 해봐야 청소 안 하고 도망가서 영화를 보러 다니거나, 조례나 종례를 빠지는 정도였습니다. 그러던 제가 상담실에서 순종적이지 않은 아이들을 만나기 시작한 것입니다. 어떤 방황을 할 만큼 하다 보면 자신이 하고 싶은 일을 찾아 변화하기도 했습니다.

소년원 감찰 프로그램으로 상담을 했던 아이가 어른이 되어 회사를 잘 다닌다고 인사하러 왔던 적도 있었고, 고등학교를 자퇴했지만 뒤늦게 대학에 진학해 명문대 대학원을 들어간 것을 본 적이 있습니다.

아직 성숙하지 않은 아이를 불량품이라고 하거나 썩어버렸다고 하기에는 이르다고 생각합니다. 고등학교 때 선생님이 공부는 자기가 제일 잘했는데 돈 잘 버는 놈들은 놀던 놈들이라고 한탄하던 것이 기억납니다. 세상은 비행 청소년들을 노는 것밖에 하지 않는 잉여 인간이라고 합니다. 하지만 이들의 넘쳐 나는 에너지를 방향만 잘 돌리면 원하는 일을 찾을 수 있습니다.

잉여 인간인 재욱이는 노는 게 이제 지겹다고 했습니다. 어디서부터 시작해야 할지 모르지만 공부를 좀 해보고 싶다고 했습니다.

재욱이의 잉여의 기간은 조만간 끝날지도 모르겠습니다. 재욱이가 어른이 되어 지난 시간을 후회할지도 모르겠습니다. 하지만 저는 몸으로 부딪쳐서 방황했던 날들이 그에게는 필요했을 것으로 생각됩니다. 자신을 찾기 위한 이 극심한 사춘기는 십대에 오든 사십대에 오든 언젠가는 찾아올 테니 말입니다. 그리고 누구나 가끔은 잉여의 시간이 필요합니다. 뒹굴거리기도 하고, 무모한 일에 부딪혀보기도 하며 말입니다. 타인이 원하는 모습이 아닌 나로 살 권리가 있기 때문입니다.

아들과 정서적 유대감을 형성하라

대학원을 다니며 국가청소년 위원회에서 제1기 청소년 동반자로 일하게 되면서 많은 문제 청소년들을 만나왔습니다. 스포츠 도박, 도벽, 폭행, 방화, 불법 오토바이 운전 등 다양한 사고를 친 아이들이었습니다.

　비행을 저지르는 아이들은 부모와 정서적 유대감이 부족한 경우가 많습니다. 이런 청소년들을 만나면 어린 시절 부모가 두려웠다는 이야기를 자주 듣습니다. 아이가 청소년이 되면 부모보다 신체가 커지며 예전처럼 부모가 두렵지만은 않습니다. 엄마를 말과 몸으로 이기면서 엄마가 두려워하는 것 같으면 자신에게 힘이 생긴 것 같다고 착각합니다. 오랜 시간 숨죽이고 있었던 아이들의 분노는 사소한 일에도 폭발합니다.

그러다 보니 학교 선생님의 지적도 견딜 수가 없습니다. 교사의 지적은 어린 시절 부모가 소리 지르던 것을 떠오르게 합니다. 그래서 충동적으로 교사에게 소리를 지르거나 화를 내고 학교를 뛰쳐나가기도 합니다. 어른들을 무서워하며 불안해하던 아이가 자신을 힘들게 했던 어른들을 이기고 싶어 합니다.

문제를 일으킨 아이들이 방황을 끝내고 돌아오려면 많은 시간이 걸립니다. 부모가 예전처럼 강압적인 방식을 취할수록 남자아이들의 문제 행동은 더욱 심해집니다. 가족과 유대감이 없는 경우 가족을 벗어나 새로운 공동체에 소속감을 느끼기를 원하기 때문입니다. 아들이 생각이 다른 부모를 떠나 친밀감을 경험할 수 있는 단체에 들어가게 되면 문제가 더 심각해지기도 합니다.

갈등 상황에 대처하는 부모의 대화법

평소 아들과 갈등 상황이 생기면 어떻게 해결하는지 살펴보세요. 아들의 행동에 분노를 느끼면서 때리거나 화내고 위협하고 있지는 않은지요. 아들에 대해 포기하거나 회피하는 방식도 함께 싸우는 방식도 관계를 악화시킵니다.

이때 부모가 해야 할 일은 화내고 싸우는 것을 중단하는 것입니다. 부모는 아이를 이해하기 위해 아이에게 말할 기회를 주고 욕구를 듣는 것이 필요합니다.

아이의 이야기를 그대로 수용하는 것이 아니라 우선 듣는 것입니다. 학교를 그만두고 사업을 하겠다거나, 사업할 자금을 달라고 하는 등 실현 가능성이 없는 말을 하기도 합니다. 그런데 더 이야기를 하다 보면 아이들 스스로도 가능성이 없다는 것을 알고 있습니다.

대다수의 부모는 상담실에 와서 상담자가 아이를 설득해주기 원하는 경우가 많습니다. 상담자가 부모와 똑같은 이야기를 해도 그것은 통하지 않습니다. 아이는 원하지 않는 이야기에는 귀를 막아버리기 때문입니다.

아이들의 말을 그저 들었을 뿐인데, 아이들은 부모에게 가서 상담자도 자신과 같은 생각을 한다고 말하기도 합니다. 아이들은 자기 편이 되어줄 사람을 찾기 때문에 상담자로서 부모에게 오해를 받기도 합니다. 부모에게 상담 전에 이런 상황이 있을 수도 있다고 공지하지만, 아이 이야기만 듣고 속상해하는 분도 있습니다.

예전 어느 방송에서 한 연예인이 학창 시절 문제아였던 적이 있었다며 이렇게 말했습니다.

"그런 나를 멈추게 한 한마디가 있었다. 어머니가 나는 우리 아들을 믿는다고 하셨다. 지금은 비뚤어지더라도 뒤돌아볼 수 있을 거라고 믿는다고 하셨다. 그 한마디가 되게 컸다."

마음을 읽어주는 말의 힘

청소년기 아들이 변하고 나서 제자리로 돌리는 것에는 많은 시간이 걸립니다. 제가 권유하는 것은 아이가 갑작스럽게 변하기 전에 아이의 마음을 읽어주는 것입니다. 감정을 폭발적으로 터트릴 만큼 부모가 아이를 함부로 대하는 일들은 줄어들어야 합니다.

어느 날 갑작스럽게 생기는 일은 없습니다. 큰 사건이 일어나기 전에 작은 사건이 잇따라 생기는 것을 하인리히법칙이라고 합니다. 아이의 마음을 헤아리고 읽어준다면 극단적인 행동이나 문제가 발생하지는 않습니다. 문제를 일으키는 대다수의 아이들이 부모로부터 소속감을 잃었거나 깊이 있는 유대감이 없다고 했으니, 부모와 아들이 유대감을 만들어가는 것이 중요합니다.

즉, 아들이 갑자기 변하기 전에 아이의 마음을 읽어주는 부모가 되는 연습이 필요합니다. 사춘기 전의 아들이 지금 유순하고 말을 잘 듣는다 해서 안심하지 말아야 합니다. 엄마 마음대로 아들을 가르치고 처벌하는 것을 반복하다가 어느 날 커버린 아들이 폭발할 수도 있습니다.

감정 조절이 어려운 청소년기

아이들이 폭발하기 전에 부모가 아이의 뇌에 대해서 공부할 필요가 있습니다. 영화 〈인사이드 아웃〉을 보면 여러 가지 감정(기쁨, 슬픔, 버럭, 까칠, 소심)이 함께 살고 있는 것을 볼 수 있습니다. 실제로도 감정에 이름을 붙일 수 있다면 아이가 감정을 이해하고 감정을 통제하는 데 도움이 됩니다.

뇌는 뇌간, 변연계, 피질 이렇게 세 부분으로 이루어져 있는데 뇌의 시상하부에서는 무의식적인 감정을 처리하고 전전두엽에서는 감정을 조절합니다. 아동기 때는 정서 경험과 관련된 변연계와 신피질의 연결이 많아지며 정서발달이 이루어지게 됩니다. 청소년의 뇌는 사고 기능과 의사 결정을 담당하는 전전두엽의 영향보다 편도체의 영향이 높아집니다.

분노하는 상황에서는 변연계가 활성화되어서 사고 기능인 뇌의 전전두엽이 활성화되지 못하는 것입니다. 그래서 감정의 명명화는 이성적으로 판단하는 것에 도움이 됩니다.

이를 위해서는 엄마가 먼저 자신의 감정을 잘 알아차리는 것이 필요합니다. 정서와 인지 발달은 서로 연관이 있습니다. 엄마가 나의 감정을 읽고 아이의 감정을 읽어주는 정서 경험이 늘어난다면 아이 스스로가 감정에 대한 인식능력이 높아질 수 있습니다. 감정을 말로 배우는 것을 통해서 이성적으로 판단하고 평가할 수 있게 되면 아이도 스스로를 진정시킬 수 있게 됩니다. 감정 단어가 잘 떠오르지 않는다면 감정 카드로 감정을 찾아갈 수 있습니다.

사회적 관계에서 타인의 사고나 감정을 알아차릴 수 있는 조망 수용 능력이 발달되려면 자신의 감정을 잘 읽는 것이 필요합니다. 엄마가 스스로의 마음을 잘 읽을 수 있을 때 아동의 감정에 대해서 읽어줄 수 있습니다. 그리고 아들은 타인의 마음을 잘 읽을 수 있습니다.

엄마의 대화법은 아들의 뇌 발달을 도울 수 있습니다. 아들이 화가 났을 때 어떻게 대처할 수 있을까요?

"오늘 좀 속상한 것 같은데, 집에 와서 말도 안 하는 것 보니 말이야"라고 읽어주는 것과 아이의 행동에 대해서 "넌, 애가 왜 그 모양이야?" 하고 비난하고 짜증만 내는 엄마의 대화는 다릅니다. 엄마가 자신의 감정을 위로하는 능력이 있을 때 아들의 정서를 읽을 수 있으며 정서적 유대감을 맺음으로써 아들의 정서발달, 인지발달을 도울 수 있습니다.

참고하기

- 충동성에 문제가 있는 경우에 뇌의 전두엽의 기능에 문제가 있거나 혈중 세로토닌 수준이 높다는 보고가 있습니다. 아울러 스트레스가 해소되지 않으면 코르티솔이 과도하게 분비됩니다. 이로 인해 해마의 뉴런이 손상되어 코르티솔의 생산을 중지하지 못하고 지속적으로 분비되어 해마 뉴런을 더 손상시키게 됩니다. 해마는 기억과 관련이 있는 뇌로 스트레스는 학습에 부정적인 영향을 미치게 됩니다.

엄마의 화는
아들의 화를 키운다

아들에게 분노를 폭발적으로 표현하는 이들이 있습니다. 금속은 열로 두들기고 때리면 원하는 것처럼 만들 수 있지만, 아들은 강하게 몰아붙인다고 되는 존재가 아닙니다. 엄마의 화는 아들의 화를 키우게 됩니다.

물론 아이에게도 잘못이 있습니다. 다른 사람과 잘 지내려면 가끔은 자신의 감정을 숨길 줄도 알아야 합니다. 갈등 상황에 대해서 화가 난다며 코뿔소처럼 돌진하는 아이는 학교에서 문제아로 간주됩니다. 문제아로 찍힌 순간부터 아이는 다른 사람과 마찰을 일으킨다고 소문이 나버립니다. 반항적인 아이에게 주변 사람들은 반감을 가질 수밖에 없습니다. 타인과 어떻게 소통하는지 모르는 아이는 사회적 규칙이나 도덕, 윤리와도 점점 멀어지게 됩니다.

자녀의 분노에 대처하는 부모의 방식

그렇다면 부모는 화내는 아이에게 어떻게 대해야 할까요?

첫 번째, 분노하는 아이의 행동에 즉시 화내는 것을 멈춰야 합니다. 부모는 아이의 무절제한 생활 방식을 고쳐주고 싶은 욕구가 생겨 목소리를 높입니다. 그러나 반항심 많은 아이에게 조언해봤자 듣지 않고 무시할 뿐입니다.

자신이 잘못해놓고도 옳다고 우기거나 충동적인 모습을 보이는 아이를 보면 부모는 화가 납니다. 아이가 반성하는 모습을 보이지 않으니 다시 조언을 합니다. 이때 십대 아이는 자신이 공격받는다고 생각하며 끝까지 고집을 피우게 됩니다. 십대는 자신의 생각이 옳다고 주장하고, 어른은 아이의 잘못된 생각을 변화시켜서 사과를 받아내고자 합니다.

부모와 아이 모두 상대의 말을 듣고자 하는 귀는 없고 서로 입만 남아 있습니다. 감정 통제가 되지 않는 아이와 싸워봤자 아무런 도움이 되지 않습니다. 분노가 가득 찬 십대를 설득시키려고 하는 것은 잠시 미루는 게 좋습니다.

두 번째, 어른은 아이의 분노가 어느 정도 가라앉았을 때 아이의 행동에 대해 적절한 조언을 해야 합니다. 분노가 잠잠해지고 나면 아이는 자신이 무엇을 잘못했는지 생각하게 됩니다. 그래서 우선 시간을 가지고 어른이 아이의 말을 먼저 들어주는 것이 필요합니다.

엄마한테 거센 말을 하는 아이와 상담한 적이 있습니다.

"엄마가 너 왜 그러냐고 지적하면 나도 모르게 욱하고 화가 나요. 엄마는 한 번만 말하면 되는데 계속 같은 말을 반복하잖아요. 사실 참 미안한데 똑같은 잔소리를 들으면 화가 멈추지 않아요."

"미안한 마음을 어떻게 표현해야 할지 모르겠다면 그냥 미안하다고 말하면 어떨까?"

"아……. 그런 말은 쑥스러워요."

"그런데 네가 화내면 진짜 무섭겠다. 지난번 상담 선생님한테도 욕했다고 해서 좀 긴장했거든."

"그땐 쌤이 늦었다고 뭐라고 했는데요. 저도 모르게 화가 나서 그랬어요. 야단맞으면 제어가 안 돼요. 어른한테 욕한 거는 잘못한 것 같아요."

분노는 긍정적 에너지가 되기도 한다

아이 행동에 대한 결과는 반드시 존재합니다. 친구를 때리고 사회에서 원하는 행동을 하지 않는 것에 대해 제재받는 것은 필요합니다. 그러나 부모가 혹독하게 아이를 다룬다고 변화하지는 않습니다. 타인으로부터 소중하게 대접받는 경험은 정신 건강을 위해 필요한 일입니다. 아이가 자신에 대한 믿음이 생기면 외부로 향했던 분노 에너지를 어느 순간 삶의 에너지로 돌릴 수 있습니다.

무슨 일을 저지를지 모르는 시한폭탄 같고, 무리로 다닐 때는 거친 모습이지만 실제 상담실에서 일대일로 만나면 아이들은 대부분 평범한 십대의 모습 그대로입니다. 문제 행동이 심각해져서 뒤늦게 상담실에 찾아온 품행장애 아이의 경우, 기본적인 생활습관이 이루어지지 않아 상담을 지속적으로 진행하기가 힘듭니다. 그래도 한번 마음을 열기 시작하면 분노가 가득했던 아이의 눈빛이 조금씩 변합니다.

상담이 끝난 후에 어른이 되어 상담실을 찾아오는 이들을 만나면서 상담을 통해 당장은 큰 변화가 보이지 않더라도, 언젠가는 아이들이 자기 길을 찾아갈 수 있다는 희망을 갖게 되었습니다. 뒤늦게 공부에 관심을 갖고 60점에서 80점으로 성적을 올리는 아이도 있고, 자퇴하고 방황하다가 대학에 들어간 아이도 있습니다. 아이들의 행동이 가끔은 괴롭고 화가 나기도 하지만, 아이들을 만나는 상담실에서만큼은 든든한 지지대가 되어줄 수 있을 것 같습니다.

학교에 다니기 싫다고 해요

주혁이는 학교를 다니기 싫어하는 아이로 상담실에 찾아왔습니다. 새 학기가 되자 학교를 그만두고 검정고시를 보겠다고 부모를 조르기 시작했습니다.

"선생님, 왜 학교에 다녀야 되는 거죠? 전 그만두고 싶어요. 학교에 다녀서 뭘 배우는지 모르겠다고요. 수학 배워서 어디에 써먹을지도 모르겠어요. 전 학교 그만두고 검정고시 보려고요. 그러고 나서 뭘 해야 할지 생각할래요."

학기 초가 되면 자퇴하기로 결심한 아이들이 상담실을 찾아오는 경우가 많습니다. 부모는 고등학교를 마치지 않겠다는 아이의 굳은 결심에 놀랍니다. 이미 학교를 떠나기로 결심한 아이는 부모의 어떤 설득에도 마음을 바꾸지 않습니다. 부모 세대에 학교를 그만둔다는 것은 상상할 수도 없었던 일입니다.

아이의 마음을 헤아려주지 않고 학교를 다녀야 할 이유로만 설득하는 것은 소용이 없습니다. 아이가 학교를 그만두는 이유가 무엇인지 찾아봐야 합니다. 수업을 따라가기 힘든지, 친구 관계를 맺기 힘든지, 특별한 목적이 있어서 새로운 길을 가기로 결심했는지 살펴볼 필요가 있습니다.

학교에 가지 않으려는 이유 살펴보기

아이가 학교를 그만두고 싶어 할 때는 여러 가지 이유가 있습니다. 첫 번째는 학업을 따라가기 힘들어서 그만두는 경우입니다. 학습 부진이 오래간다면 인지능력이 부족하거나 학습장애를 겪고 있을 수 있습니다. 이런 경우는 종합심리검사나 지능검사를 통해서 아이에 대한 정확한 진단이 필요합니다.

종합심리검사는 임상심리 전문가에게 받는 것을 권유합니다. 웩슬러 아동용 지능검사의 경우에는 지능뿐 아니라 아동의 언어이해능력, 상식, 눈과 손의 협응능력, 주의력, 처리 속도 등의 세세한 부분까지 알아볼 수 있습니다.

두 번째는 친구 관계로 문제를 겪는 경우입니다. 타인에 대한 두려움이 있거나 사회 대처 능력이 부족한 아이들입니다. 조용한 성격이기 때문에 부모는 학교에 가지 않겠다고 버티는 아이의 태도에 난감해집니다. 이럴 때 학교 선생님이나 상담 전문가의 도움을 받아서 친구를 한 명이라도 사귀게 되면 학교에 가는 것은 어렵지 않습니다.

세 번째는 선생님과의 갈등 때문에 학교를 그만두는 경우입니다. 학교의 권위적인 시스템에 대한 반감이 생겨서 그렇게 되기도 합니다.

네 번째는 외고, 특목고, 국제고에 입학해 반 아이들과의 경쟁에서 좌절감을 경험한 경우입니다. 학업 능력에 대해서 자신감을 갖고 있다가 성적이 저하되자 좌절해서 학교를 그만두겠다고 합니다.

다섯 번째는 자신이 원하는 바를 이루기 위해 학업을 중단하는 경우입니다. 래퍼 김하온이나 악동뮤지션처럼 자기가 원하는 바를 이루기 위해서 학교를 그만두고 새로운 길을 찾는 아이들이지요. 학교를 그만두는 특별한 목적이 있는 경우입니다. 해외에서 공부하기 위해 유학 준비를 일찍 시작하느라 학교를 그만둔 아이도 있었습니다.

학교 다니는 목적 찾기

제 생각에 학교를 다니는 목적은 다음과 같습니다. 사람은 태어나서 육체적, 정서적, 심리적인 변화를 거쳐서 어른이 되기까지 적어도 20년의 세월이 걸립니다. 여덟 살부터 적어도 열아홉 살까지 학교라는 인큐베이터 안에서 보호를 받게 됩니다. 학교 수업 중에 필요 없는 공부가 있다고 여기기도 하지만 현재의 교육 시스템이 현 상황에서는 최선이라고 선택된 것 같습니다.

예를 들어 무술을 연마하기로 한 제자가 있다면 스승인 도사는 제자에게 처음부터 칼을 쥐여주지 않습니다. 몇 년이 지나도록 제자는 물 기르고, 청소하고, 밥 짓는 허드렛일을 합니다. 제자는 불필요한 일 같다고 생각하지만 그의 체력은 조금씩 길러지고 있습니다. 그래도 제자는 수련 초반, 당장 밖에 나가서 싸움을 하고 싶어 합니다. 하지만 제자에게 날카로운 칼이 쥐여진다고 해도 칼을 휘두를 능력은 부족하고 오히려 그 칼로 인해 상처를 입을 수도 있습니다.

학교는 기초체력을 쌓는 장소라고 생각됩니다. 학교에서는 또래와 관계를 맺는 능력, 선생님으로부터 배우며 학습하는 습관, 전체적인 학문에 대한 일반적인 지식을 배워나가는 것입니다.

그러나 제가 생각하는 것처럼 학교에 대해 생각하는 방식은 모두가 같을 수 없습니다. 다만 자퇴 전 시간을 충분히 갖는 것은 필요합니다. 어른들도 회사 그만두고 싶을 때가 있습니다. 반복되는 일상은 지겹고 힘겹기 마련입니다. 그래도 많은 고민 후에 자퇴를 하겠다면 자신의 선택에 확신을 가지고 나아가기 바랍니다. 그 어떤 선택도 자신에게는 최선의 선택일 테니 말입니다.

자퇴하고 1년 후 복학한 아이가 있었는데 그 아이는 학교를 다니지 않은 시간을 조금도 후회하지 않는다고 했습니다. 학교가 얼마나 소중한지 그만둔 이후에 알게 되었고 1년이라는 시간이 자기에게는 필요한 시간이었던 것 같다고 말했습니다.

학교를 그만두는 아이에게 필요한 네 가지 원칙

자퇴하기 전 점검할 것이 있습니다.

첫째는 시간 관리가 필요합니다. 자퇴하고 나서 대부분의 아이들은 갑자기 주어진 수많은 시간에 암담해합니다. 그 어떤 활동도 하지 않고 잠만 자는 아이도 있고 한동안 다소 멍한 상황으로 보내기도 합니다. 집에서 나오지 않고 스마트폰, 인터넷 게임을 하고 점심쯤 되어야 일어나는 경우가 대다수입니다. 밤낮이 바뀌어 부모와 싸우는 경우도 자주 보게 됩니다.

아이가 부모와 지속적으로 다투면서 자신의 자존감을 유지하기는 어렵습니다. 굳은 결심을 하고 회사를 그만둔 성인도 시간 관리가 힘겹고, 질서 정연하게 생활하던 군인도 제대하면 늦잠을 자며 흐트러지기 마련입니다. 갑자기 주어진 시간에 어떻게 대처하는 게 좋은지 생각하지 못합니다.

그래서 아이는 자퇴하기 전에 시간을 계획하고 관리하는 것을 배워야 합니다. 부모와 아이가 시간 관리를 해보는 연습을 하는 것도 필요합니다. 자퇴하기 전 주말만이라도 하루를 관리하는 연습을 해보세요. 홀로서기를 하려면 독립적인 사람이 되도록 노력하는 것이 필요합니다. 지금까지는 정해진 시간표대로 따라왔기 때문에 스스로 시간을 만들어나가는 것이 힘듭니다. 학교 시스템에 속하지 않아도 시간 관리를 할 수 있는 사람이 되어야 합니다.

둘째는 부모가 아들의 자존감이 저하되지 않도록 신경 쓰는 것이 필요합니다. 학교를 그만둔 아이가 친척과 남들의 시선에 자유로울 수 있는지 생각해봐야 합니다. 자퇴한 청소년들을 마땅찮게 여기는 사람도 있을 수 있습니다. 학교를 그만둔다는 것은 남들과 다른 길을 가기로 결정한 것입니다. 선택한 길이니만큼 아이가 주변 사람들의 시선에 당당할 수 있는지 생각해야 합니다. 아이가 다른 길을 가는 것에 대해서 주변으로부터 이해를 받을 수 있는 것은 아닙니다. 남들이 가지 않는 길을 가는 용기를 내야 하는 것입니다.

아이가 혼자만 있게 되면 우울해질 수도 있습니다. 우울감이 높

아지면 자기와 세상, 미래에 대한 부정적인 생각과 태도를 가지게
됩니다. '나는 무가치한 사람이다. 나의 앞날은 희망이 없다. 세상은
살기가 힘든 곳이다'라는 터널 비전(tunnel vision, 터널 속으로 들어가면
시야가 좁아지는 것처럼 제한된 생각을 하는 심리 상태)에 사로잡히기도
합니다.

이럴 때 부모가 긍정적인 사고를 주입하거나 격려하는 것조차 힘
들다는 아이들이 있습니다. 우울감은 감기와 같아서 초기에 치료하
는 것이 좋습니다. 아이의 행동을 보면서도 '시간이 지나면 낫겠지'
하고 방치했다가는 더 큰 문제가 될 수도 있습니다.

때때로 자녀가 학교를 그만둔 사실에 대해서 수치스러워하는 부
모의 경우가 있습니다. 자신이 무슨 잘못을 했기에 이런 경험을 해
야 하는지 모르겠다고 하는 분도 있습니다. 자식 농사에 실패한 부
모, 지금까지 노력한 것이 모두 무산된 것 같은 생각 때문에 힘겨워
하기도 합니다.

간혹 화가 나면 아이에게 잔소리를 퍼붓거나 몸을 밀치는 경우도
있습니다. 학교를 그만둔 자녀와의 갈등이 전쟁처럼 번집니다. 학교
를 그만둔 아이들도 다른 아이와 다르다는 것 때문에 속으로는 근심
하는 경우가 많습니다. 부모까지 아이를 부정적인 눈으로 바라보면
깊은 좌절감을 경험합니다. 이 과정에서 연약한 아이는 부모가 예측
하지 못한 충동적인 행동을 합니다. 아이의 삶을 실패했다고 단언하

지 말고 장기적인 안목으로 봐야 합니다. 다른 사람의 시선에 신경 쓰는 것보다 아이의 마음을 이해해주는 것부터 시작해야 합니다.

셋째는 검정고시 학원에 가는 것을 생각해보는 것이 필요합니다. 자퇴 후 온전히 자기주도적 학습만 해온 학생은 드뭅니다. 학교를 그만둔 아이들은 몇 달 쉬다가 검정고시 학원에 가는 경우가 많습니다. 혼자 있으면 옆에 친구와 경쟁하지 않다 보니 자신의 학업성취도를 체크할 기회가 많지 않습니다. 그래서 쉬었다가 다시 학업을 시작하면 성적이 내려갑니다.

혼자 공부하지 말고 함께하는 친구들이 있는 것이 낫습니다. 간혹 학원 친구들이 마음에 들지 않는다는 아이들도 있는데, 함께하는 동료들을 무시하지 말아야 합니다. 그 친구들도 이유가 있어서 학교를 그만두었기 때문입니다.

넷째는 자신이 뭘 좋아하는지 조사하고 관찰하는 시간이 필요합니다. 아이 스스로 자신이 무엇을 할 때 즐겁고, 무엇을 하고 싶은지에 대해서 충분히 탐색해야 합니다. 아이의 차별화 전략이 있어야 합니다.

'제너럴 닥터'라는 카페 겸 병원을 차린 사람이 있었습니다. 의대는 갔으나 전문의가 되지는 않았습니다. 고된 대학병원 수련 과정이 자신과 맞지 않다고 생각했기 때문에 평범한 의사의 생활과는 다르게 살았습니다. 평범한 의사와는 다르지만 그 삶이 자신에게 적합하다고 했습니다. 카페와 의원으로서의 역할을 하기 위해서 홈페이지도 만들고, 카페 운영도 해야 했고, 함께할 조합원도 모아야 했습니다.

이처럼 기존의 시스템에 적응하지 않으려면 새로운 시스템을 구축해야 합니다. 즉, 아이가 자신이 좋아하는 것으로 승부를 보겠다는 차별화 전략이 필요합니다.

나만의 길을 가려는 아이에게 필요한 조언

사회적 기업인 유자살롱 대표 이충한 씨의 책 《유유자적 피플》(소요 프로젝트, 2014)에 따르면 사람과 일을 비롯한 그 어떤 것도 자신을 끌어당기는 것 같지 않을 때, 사람들은 무중력상태에 떠 있는 것처럼 느낀다고 합니다. 그는 자신에게 맞는 템포로 삶을 살도록 권유하고 있습니다.

서울시립청소년 직업체험센터인 '하자센터'는 도시형 대안학교로 음악작업장, 로드 스콜라, 오디세이 학교 등을 운영하고 있습니다. 학교가 자신을 끌어당기는 매력이 없다면 자신을 끌어당기는 것이 무엇인지 찾아야 하는 것입니다.

이제는 학교를 그만둔 아이가 1인 기업처럼, 1인 학교가 되는 것이 필요합니다. 스스로 공부하고 준비해야 합니다. 학교를 다니지 않고 성공한 사람들도 있습니다. 서태지는 음악을 한다고 고등학교를 그만두었고, 악동뮤지션도 선교사의 부모 밑에서 홈스쿨링을 했습니다. 그들은 무기력하게 늘어지지 않았고, 자기가 좋아하는 것을 찾아 꿈을 위해서 많은 시간 동안 몰입했습니다.

또한 주어진 길, 학교라는 정해진 길, 교사들이 정한 시스템에 의존하는 삶에서 홀로 서는 삶으로 가도록 인도해주는 것이 어떨까요? 저는 모두가 동일한 길을 가야 할 이유는 없다고 생각합니다. 부모는 남들과 다른 길을 가기를 결정한 아이 역시 사랑해야 합니다. 애벌레에서 나비가 되기 위해서 힘든 시간을 보내고 있는 아이를 믿어주고 부모도 힘을 내는 것이 필요합니다.

- 교육부에 따르면 2015년 기준 전체 초중고등학교 학업 중단 학생은 4만 7천 명으로 재적학생 대비 0.77%라고 합니다. 그중 학업 중단 학생의 53%인 2만 5천 명은 '학교 부적응'을 이유로 학교를 그만두었다고 합니다.

아들이 머리는 좋은데
공부를 하지 않아요

부모들에게 가장 자주 듣는 말은 "우리 아들이 머리는 좋은데 공부를 안 해서 성적이 안 나와요"입니다. 아들이 언제든 공부를 할 수는 있으나 그저 마음먹지 않아서 하지 않을 뿐이라고 합니다. 어쩌면 아들의 성적을 받아들이고 싶지 않아 변명하고 싶은 건지도 모릅니다. 연예인에 비유하면 가능성은 풍부하지만 아직 유명해지지 않은 라이징 스타라고 할 수 있겠죠.

지능과 학습 능력의 관계

병원에서 신체 건강을 확인하기 위해 종합검진을 하듯 전반적인 심리적 기능을 확인하기 위해서 종합심리검사를 실시합니다. 그중 하나가 지능검사입니다. 지문이나 간단한 설문조사로 지능을 측정할 수는 없습니다. 최근 심리와 연관되어 돈벌이가 된다고 해서인지 이런저런 평가를 권유받는 경우가 많은데 제대로 된 전문가에게 평가받는 것이 아이에게 도움이 될 것입니다.

종합심리검사를 한다고 하면 아이들은 긴장해서 이렇게 이야기합니다.

"130인가? 그랬던 것 같아요. 학교에서 해봤었죠."

텔레비전에서 뛰어난 지능을 가진 사람이 나오기도 합니다. 실상 대다수의 아이들의 지능은 평균인 90~109점 사이로 나타납니다. 그 점수에 들어가는 이들이 50% 정도로 대다수의 아이들은 평균입니다.

아이가 오랜 기간 동안 학습을 따라가지 못하고 또래보다 학습능력이 낮은 것 같다면 지능검사 받는 것을 권합니다. 인지능력이 평균보다 저하된 지능 70 이하면 지적장애로 또래 수준의 학습을 따라가기 힘듭니다. 아이의 인지능력이 부족한 것을 제대로 인식하지 못하는 부모들이 있는데 다른 아이들보다 발달이 늦어진다면 한시라도 빨리 전문 기관으로 내원해서 평가를 받는 것이 중요합니다.

지적장애아의 부모 중 일부는 아이가 절대음감을 가지고 있는 것 같다고 하거나, 특별한 능력이 있는데 발휘되지 못하고 있다고 합니다. 그러다 보니 검사 결과를 받아들이지 못하는 경우가 많습니다. 다른 곳에 방문해서 확인하고 돌아오겠다는 부모도 있었으나 검사 결과는 달라지지 않았습니다. 지적능력 70 미만의 지적장애아는 초등학교 5학년 수준의 인지기능을 넘어서기 어렵습니다. 아이의 지능검사 결과를 부인하기보다 현재 아이가 보유하고 있는 능력을 받아들이고 아동의 수준에 맞는 학습 방법을 찾는 것이 필요합니다.

평균보다 뛰어난 아이들이 있다고 해도 110 이상으로 평균을 조금 상회한 수준 정도입니다. 130 이상의 최우수 수준의 아이들은 극소수로 나타납니다. 달리기를 할 때 출발선의 위치는 같은 것처럼 대다수의 아이들의 인지능력은 비슷합니다. 평균의 인지능력을 가지고 있는 아이들의 학습능력은 머리의 좋고 나쁜 것에 달려 있지 않다는 것입니다.

즉, 지능이 아니라 공부를 하는 데 인내력을 가지고 하는 것 또한 능력입니다. 학교에서는 자신이 좋아하는 과목만 배우는 것이 아니라 싫어하는 과목도 견뎌야 합니다. 대학입시까지 공부가 지루하고 고통스럽기도 한 것은 사실입니다. 변호사가 된 장승수 씨의《공부가 가장 쉬웠어요》(김영사, 2004)라는 책이 한때 베스트셀러가 된 이유도 대부분의 아이들이 공부를 즐거워하지 않기 때문인 듯합니다.

학습을 거부하는 이유를 찾아보세요

공부를 힘들어하는 아이의 내적 원인을 찾아보면, 학습 동기가 저하되어 있는 경우가 많습니다. 공부를 왜 해야 하는지 모르는 것입니다. 이런 아이에게는 대학에 들어가는 것도 먼 미래의 일처럼 느껴집니다. 엄마는 어른이 되어서 과거에 공부하지 못했던 것을 후회하지만, 아이는 아직 그 미래로 가보지 못했습니다.

학습을 거부하는 이유를 자세히 살펴봅시다.

첫째는 공부를 강제로 하게 되면서 학습 의욕이 떨어졌을 수 있습니다. 부모가 공부를 강제로 시키는 일이 반복되고 성적이 낮게 나오면 체벌을 가하는 경우가 부지기수입니다. 이럴 경우 아이는 공부라는 소리만 들어도 반감이 생깁니다. 아이가 스스로 학습해야 하는 동기를 찾지 않으면 학습에 관심을 가지는 것은 어려워집니다.

파블로프의 개 실험에는 종이 울리면 개에게 먹을 것을 주었더니, 먹을 것이 나오지 않아도 종이 울리면 개가 침을 흘렸다고 합니다. 학습에 대한 동기가 떨어진 아이는 공부 생각만 하면 엄마가 야단치고 혼내던 것이 생각이 나서 힘겹고 싫은 것이 되기도 합니다.

학습치료를 할 때, 아이들과 공부에 대해 마인드맵을 그리기도 하는데 이때 부정적인 단어들이 나열되기도 합니다. 짜증 난다, 화

난다, 싫다, 지루하다, 힘들다 등등의 단어들이 이어집니다. 공부에
대한 부정적인 인식이 변하지 않는 이상 학습에 흥미를 갖는 것은
어렵습니다.

둘째는 공부를 못하는 이유를 남 탓으로 돌리는 것입니다. 선생
님이 수업을 못 가르치거나 그의 행동 자체가 마음에 안 든다는 이
유를 대기도 합니다. 간혹 학원 선생님의 능력이 부족해서 성적이
오르지 않는다고도 합니다. 가르치는 사람의 능력이 부족해서 그럴
수도 있지만 같은 선생님께 배워도 실력 차가 있는 것은 생각해볼
필요가 있습니다. 자신의 책임을 타인에게 전가하는 마음입니다.

셋째는 공부 계획을 세우지 않고 할 일을 미루는 것입니다. 당장
은 공부하는 것이 싫어 나중에 공부할 것이라고 합니다.

"선생님, 제가 고등학교 가면 할 거예요. 지금은 공부하는 것이 싫
어요."

"뭐……. 다음에 하면 되죠."

이건 로또를 사지도 않고 당첨되게 해달라고 신에게 기도하는 것
과 비슷합니다. 자신에 대한 막연한 기대를 가지고 고등학교에 입학
한 아이들은 좌절합니다. 기초학습 능력이 부족한 아이는 뒤늦게 공
부해도 주변 친구들을 따라잡는 것이 힘듭니다. 첫 계단부터 밟아나
가야만 다음 계단에 올라갈 수 있습니다. 한 걸음 한 걸음 가다 보면
맨 꼭대기의 계단으로 올라가는 것이 가능합니다. 아무리 다리가 길

다고 해도 처음부터 맨 위층의 계단으로 가는 것은 어렵습니다. 스스로에 대한 막연한 기대나 이상은 현실을 무시하는 것입니다.

내 아이가 공부 잘하기를 바란다면

가끔 공부가 재미있다는 아이들도 만나는데, 그 아이들은 반 친구들이 알면 욕을 먹을 것 같다고 다른 데서는 말하지 않는다고 합니다. 공부를 좋아하는 아이는 공부를 잘하는 아이이기도 합니다. 그 아이들도 공부하는 과정에서 스트레스를 받기는 합니다. 그러나 문제를 풀어나가거나 정답을 알게 될 때 느끼는 즐거움을 발견한 아이들입니다. 즉, 결과가 아니라 배우는 과정에서 몰입하는 즐거움을 알게 된 것입니다.

부모는 아이가 학습의 결과보다 과정을 즐길 수 있도록 성장시키는 것이 필요합니다. 부모가 성적 지향적인 태도로 학습을 시킬 때 아이에게 공부는 야단맞는 이유가 될 뿐입니다. 그래서 공부는 부모와 아이의 갈등 대상이 되는 경우가 많습니다. 집에 와서 공부하지 않는 아이에게 공부하라고 자꾸 야단치게 되고, 아이들은 공부라는 소리가 점점 지겨워집니다.

성적으로 고민하는 부모에게 당부하는 세 가지

학습과 관련해서 부모와 아들이 갈등을 겪고 있다면 다음과 같은 방식이 필요합니다.

첫 번째, 부모와 자녀 모두 현재의 성적을 인정하는 것이 필요합니다. 지금 받은 성적이 중요한 것이 아닙니다. 당장의 성적이 부끄럽더라도 받아들이는 것이 필요합니다. 성적이 낮은 아이일수록 자신의 성적을 잘 모른다며 회피하는 경향이 있지만 현재의 성적표부터 봐야 합니다.

모든 엄마가 마샤 스튜어트처럼 바느질도 요리도 잘할 수 없듯이 모든 아이도 공부를 잘할 수 없습니다. 엄마가 자신이 될 수 없는 퍼펙트한 엄마와 비교해서 기죽거나 경쟁할 필요는 없듯이 아이를 기죽일 필요도 없습니다. 옆집 아들과 비교하는 것을 멈춰야 합니다.

엄마의 열등감이 깊을수록 아들을 다른 이들과 비교합니다. 엄마도 원하던 대학, 원하던 직업을 갖지 못한 부족함을 찾기보다 지금껏 자신이 이뤄놓은 것들을 바라볼 수 있어야 합니다. 자연적으로 아이를 임신하고 출산할 수 있는 것은 축복입니다. 아이를 갖지 못해서 마음고생하는 이들이 있습니다. 아들을 처음 만났을 때 감사했던 마음, 그저 건강하기만 원했던 그 마음을 기억했으면 합니다.

두 번째, 자녀에겐 아주 작은 변화부터 기대해야 합니다. 하루 한 시간 공부하는 아이가 갑자기 하루 종일 공부할 수 있다고 생각하지 말아야 합니다. 부모가 90점 이상은 받아야 한다면서 아이의 성적을 가지고 무시하거나, 상위 등급이 아니라고 자녀를 계속해서 야단치면 아이의 자존감은 바닥으로 떨어집니다.

아들이 성적이 잘 나와서 칭찬받고자 하는데 부모가 "조금 더 잘했어야지"라고 한다면 학습에 흥미를 잃을 것입니다. 학습은 마라톤입니다. 학습에 성과가 없다면 포기해버릴 수도 있습니다. 아이들은 즉각적인 결과가 나오는 것을 즐기기 때문에 게임에 더 몰두할 수밖에 없습니다.

MUST(반드시 ~해야 해)라는 생각이 많을수록 삶의 갈등이 많아집니다. 부모도 아들이 공부하지 않는다고 야단치는 것이 아니라 전보다 나아진 작은 변화만으로도 칭찬해줘야 합니다. 60점이면 65점을 기대하고, 공부를 30분 정도 더 하는 것을 목표로 해 작은 변화에도 격려할 수 있다면 아이는 힘을 얻을 것입니다. 최후의 승자가 되고 싶다면 현재의 위치에서 시작하는 것이 필요합니다. 현재의 성적이 바로 원하는 대로 되지는 못하겠지만 일상에서 성취가 조금씩 쌓이면 됩니다. 과거보다 발전하는 작은 변화가 있으면 축하하는 태도가 필요합니다.

세 번째는 현재까지의 방식을 아이가 힘겨워한다면 계속해서 같은 태도를 고집하는 것을 버리는 것입니다. 부모가 원하는 방식으로 아이를 억지로 끼워 맞추려고 하다가 아이의 마음을 다치게 할 수 있습니다. 성적 때문에 아들의 마음을 다치게 하는 부모가 되지 않도록 노력할 필요가 있습니다.

예를 들어 아들이 수학에서 70점 받아왔다고 부모가 "너는 왜 성적이 이것밖에 못 되니?"라고 말한다면 아들은 자신의 성적이 마음에 들지 않게 되고 무시당하는 느낌을 받을 수 있습니다. 때문에 "이번은 70점이구나. 성적이 전보다 몇 점이 떨어졌네. ~부분은 잘했는데, ~부분을 틀렸네"라며 구체적으로 아이의 성적에 대해서 살펴보고, 틀린 부분도 확인하는 것이 좋습니다.

만약에 성적이 마음에 안 들 경우 "너 다음부터 90점은 꼭 맞아야 해! 다음에도 이렇게 받으면 혼날 줄 알아"라고 말하면 성적을 올려야겠다는 생각에 아들은 부담이 됩니다. 그럴 땐 "다음에는 몇 점 정도 받았으면 좋겠니? 그래 5점 이상 올려보는 것은 어떨까 싶네"라고 아들의 의사를 물어보고, 목표를 구체적으로 정하는 대화법이 좋습니다.

부모가 실제로 아들과 대화하는 방식은 어떤지 살펴보기를 바랍니다.

- 국가기관이나 정신건강의학과 등에서 실시하는 아동용 지능검사 K-WISC-IV는 여러 개의 작은 검사로 구성된 검사입니다. 석사 졸업 이후 최소 3년 이상 수련을 받은 임상심리 전문가나 정신건강임상심리사 같은 공인된 자격증을 갖춘 전문가에게 받는 것이 도움이 됩니다. 예전에 부모들이 학교에서 수기로 한 검사는 학습능력과 관련된 검사입니다. 언어이해, 지각 추론, 작업기억, 처리 속도에 대해서 알아볼 수 있습니다.

아빠를 존중하는 엄마가
아들을 성장시킨다

근육 많은 짐승돌이 유행하기도 했지만 최근에 인기 있는 남자는 요리하는 남자입니다. 남자가 주도적으로 살림을 하는 가정이 여기저기에서 생기기도 합니다. 요즘은 남자에게 남성적인 역할과 과거의 여성적인 역할 두 가지 다 기대하는 시대입니다. 예전에는 남자가 집에 월급만 주면 인정받았지만 이제는 아이도 돌보고 집안일에 관심을 써야 합니다.

엄마가 갖는 남자에 대한 기대는 어떠한지 생각해봅시다. '남자아이면 씩씩해야 한다' '용감해야 한다' 등의 틀이 있는지 살펴보는 것입니다. 아들의 남성성은 엄마가 아빠를 대하는 태도와도 연관이 깊습니다. 무엇보다 부모의 친밀한 관계의 여부에 따라 아들이 남자로서의 정체성을 확립할 수도 있고 못할 수도 있습니다.

검은 피부, 통통한 체격의 입술이 두터운 안경을 쓴 중학생 성민이가 입실했습니다.

"별로 할 말이 없는데…….. 그냥 애들이랑 취향이 다른 것뿐이에요."

성민이는 아랫입술을 슬쩍 깨물면서 머리를 귀 뒤로 조심스럽게 넘기면서 말했다.

"남자애들은 너무 유치해요. 축구 같은 건 정말 싫고요."

사람의 취향은 다를 수 있습니다. 성민이는 친한 친구가 단 한 명도 없다는 것이 문제였습니다. 담임 선생님이 성민이가 친구 관계에 어려움이 있다고 했고 놀란 엄마는 성민을 데리고 상담실로 오게 되었습니다.

남녀공학에서 이성끼리 서로 친하게 지낸다고 해도 초등학교 고학년부터는 동성끼리 무리 지어 친하게 지냅니다. 성민은 여자애들하고 노는 게 즐거워서 여자애들하고 놀고 싶었으나 여자애들은 성민이를 끼워주지 않았습니다.

성민이는 동성인 남자아이들이 유치하고 싫다고 했습니다. 남자를 왜 싫어하게 되었는지 알고 싶었습니다. 그리고 '아버지는 어떤 사람일까?' '부모의 관계는 어떠할까?' 궁금해졌습니다. 상담실에 처음 방문했을 때 내담자들은 자신의 상황에 대해서 솔직하게 말하지 않는 경우가 많습니다. 성민 어머니는 부부 사이가 좋다고 했으며, 성민이도 부모님의 사이가 좋다고 했습니다. 내담자들은 상담자와 친밀감이 높아진 이후 숨겨진 가족문제나, 갈등, 분노, 좌절 등을 이야기하기도 합니다. 성민이는 어머니와 친밀했으나 아버지의 존재감은 약했습니다.

아이에게 아빠 흉을 보지 말 것

상담하면서 성민이가 아버지를 싫어하는 이유를 알았습니다. 아버지가 어린 시절 사업에 실패해서 오랜 시간 방황했다고 합니다. 성민이 어머니는 작은 가게를 하면서 아이를 돌봤습니다. 어머니는 일을 마치면 네 아빠 때문에 엄마가 고생한다면서 아버지의 흉을 봤다고 합니다. 성민이가 의지할 대상은 어머니였고, 밤늦게 방황하다가 들어오는 아버지와 더욱 거리를 두게 되었습니다. 성민이는 어머니의 사랑을 받기 위해서 자기가 여자로 태어났으면 좋았을 것 같았다고 생각한 적도 많다고 했습니다.

이후 성민 어머니와 이야기를 나누었습니다. 어머니는 가정형편상 낮에는 공장을 다니고 밤에는 수업을 듣는 실업계 고등학교를 나왔습니다. 공장을 다니면서 친구의 소개로 남편을 만났습니다. 남편이 숫기가 없어 말도 없는 사람이라 마음에 들지는 않았으나, 시부모님이 준 재산으로 남편이 사업을 하고 있다는 것이 안정적으로 보였습니다. 더 이상 돈으로 고생은 하지 않을 것이라고 생각되어 결혼을 결심했습니다.

그런데 남편의 사업이 망하고 상황이 어려워지니 남편이 미워졌습니다. 매력은 없어도 성실하던 남편이 술을 마시며 늦게 들어오니 어린 시절의 술 마시고 밤늦게 들어오던 아버지가 생각이 났습니다. 성민 어머니는 부모에게서 받고 싶었던 것을 남편에게 받으려고 했으나 좌절되니 실망스러웠습니다.

어머니는 지난 시절에 가난으로 수치스러웠던 기억들을 하나하나 꺼내면서 눈물을 흘렸습니다. 속상한 마음을 누구에게도 이야기하지 못해 아이에게 이야기하는 습관이 생긴 것 같다고 했습니다. 어머니는 과거 신혼 시절 몇 년 부유하게 산 것에 대한 그리움으로, 현실을 자각하지 못하고 있는 자신을 발견하고 남편에 대한 흉을 아이와 나누는 것을 중단했습니다.

부부 사이가 나쁘면 어머니와 아들이 지나치게 밀착되기도 합니다. 가족치료의 선구자 머레이 보웬은 이를 삼각관계 이론으로 설명합니다. 두 사람 사이의 문제에 자녀를 끌어들여 해결하려는 것입니다. 부모의 정서적인 짐을 아들이 짊어지고 있으니 아들의 짐이 무척 무겁습니다.

부모 사이에 낀 자녀

신화에서도 어머니와 아들이 한편이 되고 아버지는 둘 사이에서 밀려나는 경우가 있습니다. 어머니 비너스와 아들 에로스는 짝이 되어 다닙니다. 비너스의 남편인 헤파이스토스는 추남에 절름발이였습니다. 비너스는 남편과 사이가 좋지 않았습니다. 비너스는 에로스와 사랑에 빠진 프시케를 위험에 빠뜨리기도 했습니다. 아름다운 비너스는 아들에 대한 애정이 지나쳤습니다.

아들은 아버지와 어머니라는 두 뿌리에서 나왔습니다. 성민이는 아버지라는 뿌리를 무시하고 어머니라는 뿌리만 인정했습니다. 아버지를 능력이 없다며 무시하다 보니 서먹서먹하게 대했고 어머니에게서만 사랑을 받으려고 했습니다.

성민이는 자신이 누구인지 생각하기보다 어머니와 같은 취향을 가지면서 머물고 싶어 했습니다. 남성으로서의 성장이 멈췄던 성민이가 자기가 누구인지, 무엇을 하고 싶은지, 상담을 통해 이야기하기 시작했습니다. 상담을 하던 어느 날 성민이의 목소리가 달라져 있었습니다. 변성기에 들어선 목소리였습니다. 자신의 목소리를 찾은 것입니다. 남자의 모습을 부인하지 않아도 지금의 목소리로도 괜찮다는 것을 알게 된 것입니다. 성민이는 아버지가 준 증표인 목소리를 찾게 되었습니다.

부부는 사이가 나쁠 수도 있고 이혼할 수도 있습니다. 그러나 아들 앞에서 엄마가 남편을 폄하하거나 비난하는 것을 반복할 때 아들의 뿌리 중 한 부분은 썩어 들어갈 수도 있습니다. 남자로서의 성적 정체성을 무너뜨리는 일이 반복될 수도 있습니다. 내게 부족하고 마음에 들지 않는 남편이라고 해도 아들에게는 부모이기 때문입니다. 남편의 뒤통수가 미워 보이고 숨소리도 듣기 싫을 때는 친구들과 흉을 보는 게 낫습니다. 아들에게 남편의 흉을 보는 것은 아들의 마음을 아프게 하는 일이기 때문입니다.

아빠의 존재가 중요한 이유

임상심리학 박사 롤로 메이는 《권력과 거짓순수》(문예출판사, 2013)에서 아들과 아버지의 관계에 대해 이렇게 이야기했습니다. 아들에게 아버지가 없다면 동일시할 남성상이 없기에 목적의식을 기르지 못하고, 아버지가 외부 세계에서 들여왔어야 하는 체계를 구축하지 못한다고 합니다. 또한 자신을 이끌고 반대되는 것에 저항할 가치관도 갖지 못한다고 합니다.

남자아이가 사춘기에 들어서면 동일시할 만한 남자 모델이 있어야 합니다. 신화에서는 아버지를 찾는 이야기들이 많습니다. 우리나라 설화에 고구려 2대왕 유리는 아버지가 숨겨둔 칼 반쪽을 찾습니다. 그리고 아버지 주몽을 찾아가 아들로 인정받습니다. 그리스 · 로마 신화의 테세우스도 어머니와 살다가 청년이 될 때, 아버지가 주고 간 칼과 구두를 가지고 아이게우스 왕을 찾아갑니다.

많은 신화들의 내용은 다음과 같습니다. 아버지는 아이를 가진 어머니를 두고 떠납니다. 어머니 품에서 자라던 아이는 아버지가 누군지 알고 싶어서 아버지가 남긴 물건을 찾습니다. 그리고 어머니가 있는 고향을 두고 모험을 떠납니다. 그리고 아버지를 찾아서 자신의 정체성을 발견합니다.

아들은 세상으로 나가기 위해서 어머니를 떠나야만 합니다. 사회심리학자 에리히 프롬은 《사랑의 기술》(문예출판사, 2019)에서 사람은 어머니의 사랑에서 아버지의 사랑으로 이행될 때 정신적 건강과 성숙이 일어난다고 했습니다. 어머니는 자녀에게 따뜻하고 온전한 사랑을 주는 근원입니다. 아들이 자신의 능력을 보여주거나 뛰어남을 증명하지 않아도 무조건적인 사랑을 베풉니다. 그러나 아버지는 사회적 상황에서 인증된 방식, 그의 아들이라는 증표를 증명해야 하는 조건적인 사랑을 베풉니다.

만일 신화에서 아들이 아버지를 찾지 않았다면 고향에서 어머니와 함께 적당히 만족하며 살았을지도 모릅니다. 그러나 아들이 자신이 왕의 아들임을 알기 위해서는 어머니를 떠나야 합니다. 그리고 어

머니는 아들을 보내야 합니다. 품에 낀 아들이 아니라 남자로서 성장
한 아들의 모습을 보는 것이 결국 어머니의 역할인 것 같습니다.

아들의 관심사에 귀를 기울이자

"엄마, 친구가 안 믿는다."

"야, 누가 믿겠어? 엄마랑 아이돌 때문에 서울까지 왔다는데."

"그런가?"

"자, 밖에 눈 내리는 거 찍어 보내라. 그럼 네 친구가 믿겠지."

언젠가 지방에 사는 제 친구가 아이를 데리고 서울에 왔습니다. 연말이라 4시간이나 고속버스를 타고 눈으로 길이 미끄러워진 명동에 도착했습니다. 연예인 관련 상품을 판매하는 지하상가에 함께 들어갔습니다. 한정판 앨범, 그들의 로고와 팔찌와 이름표 등 마음에 드는 것을 구입했습니다. 한정판 앨범을 제외하고는 기획사와 연관이 없는 곳에서 생산된 것 같아 구매가 망설여졌으나, 아이는 다음 달 용돈을 가불해서라도 꼭 사고 싶다고 했습니다. 친구가 사는 곳에는 앨범이 없느냐고 하자, 인터넷에는 절판되고, 백화점까지 갔으나 그곳에서도 찾아볼 수 없었다고 합니다.

연예인을 이상화된 자신의 모습으로 여기다

드라마 〈응답하라〉 시리즈에서는 스포츠 스타나 연예인에 푹 빠져버린 주인공들이 나옵니다. 팬들은 그의 집 앞을 가거나, 콘서트에 가서 춤을 추기도 합니다. 저는 중고등학교 시절 그렇게 연예인에 빠져본 적이 없어서, 연예인 브로마이드와 책받침, 잡지 등을 사는 아이들을 이해하지 못했습니다. 저 멀리 있는 스타보다는 내 주변의 선생님을 좋아하는 게 낫다고 생각했고, 누군가를 좋아할 넘치는 에너지도 없었습니다.

청소년기는 동일시 현상의 절정기입니다. 부모를 동일시하는 것에서 벗어나 이제는 부모가 좋아하는 것이 아닌 자신이 좋아하는 것을 선택합니다. 아이들은 연예인을 따라 하고 싶어 합니다. 아이들에게 친숙한 연예인은 돈도 많고 인기도 많아서 영향력이 무척 큽니다. 또래 아이돌의 빠른 성공이 부럽기도 합니다. 현실에서는 대학을 졸업하고도 안정된 미래는 보장되지 않아 불안하고 가야 할 길은 너무나 멀게 느껴집니다.

아이들은 흔히 말합니다. 부모를 비롯해 주변에 행복해 보이는 사람이 없어 보인다고. 삶에 찌든 어른들과는 다르게 밝게 미소 짓는 행복한 연예인들의 모습은 힘겨운 현실과는 달라 보입니다. 그래서 연예인들은 아이들의 이상화된 자기상이 되기도 합니다. 아이들은 자기가 좋아하는 스타에 대해서 비난하는 말이라도 들으면 참을 수가 없습니다.

아이들에게 연예인은 어른이 되기 위한 과정에서 만나게 되는 중요한 대상이라고 생각하면 될 듯합니다. 부모를 쫓아다니는 것에서 벗어나 새로운 대상을 찾아가는 것이라고 생각했으면 합니다.

관심으로 공감을 이끌어내다

부모는 아이가 누구를 좋아하는지, 무엇을 할 때 즐거워하는지, 아이들이 어떤 마음으로 열광하는지 관심을 가지는 것이 필요합니다.

남자아이의 경우 게임에 몰두하는 경우가 많습니다. 부모는 자녀가 어떤 게임을 하는지, 어떤 캐릭터를 좋아하는지 알아봐도 좋겠습니다. 이미 어른이 되어버려 아이의 세계가 쉽게 이해되지는 않을 것입니다. 그래도 아이를 이해하려고 작은 노력이라도 해보는 것입니다.

아이들이 상담자인 제게 자신이 좋아하는 연예인의 책을 건네고 음악을 들어보라고 하는 것은 그들의 세계를 함께 공유하고 싶은 마음으로 느껴집니다. 아무도 듣지 않는 이야기에 귀 기울여주었기 때문에, 상담을 마칠 때면 아이들은 상담 선생님 같은 사람이 되고 싶다면서 심리학을 전공하고 싶다고 합니다. 어쩌면 그중에 심리학을 전공한 학생이 있을지도 모르겠습니다.

자신을 이해해주는 이들 중 한 명이 부모가 되면 좋을 것 같습니다. 심리학자 칼 로저스의 인간중심적 상담 기법의 핵심은 '공감, 무조건적인 존중, 진실성'입니다. 부모는 아이의 자존감이 상승되었으면 좋겠다는 말을 하는데 자존감은 먼저 타인을 통해 이해받고 있다는 경험에서 시작됩니다. 부모가 아이의 선택에 관심을 가져주는 공감에서 시작해보면 됩니다.

아이가 좋아하는 연예인에게서 관심이 멀어지는 순간이 올 것입니다. 그러나 아이돌을 사랑하는 아이를 위해 기차표를 구하지 못해서 왕복 10시간이 걸리는 고속버스를 타고 명동 지하상가까지 함께한 엄마의 사랑은 기억하지 않을까 싶습니다. 어른이 되어 가끔 들여다볼 수 있는 추억이 될 것입니다. 아이의 성적 말고 아이가 좋아하는 것에 관심을 가져주는 엄마를 고마워할 것 같습니다.

자녀와 추억 만들기

부모와 아들이 보낸 시간이 적다면 특별한 의례를 만드는 것이 도움이 됩니다. 일주일에 한 번 가족회의를 해서 부모에게 하고 싶은 말을 솔직하게 하는 기회를 만들어 자녀가 어떤 내용이라도 말할 수 있게 한다면 도움이 됩니다. 또한 잠자기 전에 가족이 칭찬 세 가지를 서로에게 나누거나, 아니면 책을 읽어주는 시간을 가져도 좋습니다. 아빠도 아이와 함께하는 놀이 시간을 주말에 가지는 것이 도움이 됩니다. 아들과 운동하거나 몸을 쓰는 놀이를 하면 좀처럼 말이 없던 아이의 입이 열리기도 합니다. 아들과 구체적으로 어떤 시간을 보낼지 생각해보세요.

3장

아들의 자존감을 높이는
엄마의 대화법

엄마의 언어는 아들을 살릴 수 있습니다.
아들에게 말하는 방식과 방법에 대해서 고민할 때
아들의 자존감이 더욱더 향상될 수 있습니다.

아들에게 수치심을 주는
엄마의 언어습관

"선생님, 도대체 제가 몇 번을 이야기했는지 모르겠어요. 그래도 바뀌지를 않아요. 다 잘되라고 그러는 건데 왜 말을 안 듣는지 모르겠다니까요."

엄마는 아이가 잘못되라고 말하지 않습니다. 부모가 자녀가 잘되기를 바라는 것은 너무나 당연한 이야기입니다. 그런데 엄마가 아들을 혼내거나 다그치는 상황이라면, 아들에게 현재 어떻게 말하고 있는지 생각해보는 시간이 필요합니다.

심리학회 상담심리 전문가가 되기 위해서 내담자의 동의하에 상담하는 내용을 매회 녹음하고, 있는 그대로 기록하는 훈련을 거칩니다. 이처럼 상담 상황에서는 부모에게 자신들이 아이에게 어떤 말을 하는지 기록하는 숙제를 내기도 합니다. 부모는 아이의 잘못에만 초점을 맞추다가 다시 자신이 아이에게 어떤 말을 하고 있는지 듣고 나서 놀라기도 합니다. 화낼 일이 아닌데 화를 내고 스스로 생각해도 자신의 말이 너무나 거칠다고 하는 경우도 봅니다.

아들이 잘되라고 하는 이야기에 어떤 말들이 있는지 살펴보면 지적의 말이 있을 수 있습니다. 엄마는 아들이 제대로 성장하지 못할까 겁이 날 수 있습니다. 하지만 엄마 말을 듣고 아들이 수치심을 느끼고 있지는 않은지 살펴볼 필요가 있습니다. 엄마의 언어습관 중 최악은 다른 아이와 비교하는 것입니다. 특히 아이의 친구를 칭찬하면서 아들의 자존감을 낮추는 말을 한다면 아들은 마음에 피멍이 듭니다.

저는 아동부터 성인, 부부, 가족 상담을 하고 있습니다. 성인 남성 중 좋은 학교, 괜찮은 회사를 다니고 있음에도 열등감에 시달리고 있는 이들을 만나기도 합니다. 어머니가 능력 있고 자원 있는 아들을 잘 키우려는 욕심에 아들에게 비교와 비난을 많이 하는 경우를 봤습니다. 여태껏 많은 일을 성취해왔지만 아들은 부모의 기대에 미치지 못했던 과거 때문에 자존감이 바닥 친 상황이 종종 있습니다. 공허함으로 가득 찬 아들의 내면을 볼 때 안타까움이 밀려옵니다.

엄마 말에 상처받는 아이

대상관계이론에서 유아 시절 부모의 양육 태도에 따라 자신을 긍정적 또는 부정적으로 표상한다고 합니다. 그중 부정적으로 인식한 아동은 부모의 기대에 미치지 못하는 자신에 대해 좌절하게 됩니다.

수치심이란, 자신을 열등하고 무가치하며 부정적이며 무력하고 결핍되어 있다고 생각하는 것입니다. 수치심과 죄책감은 비슷하게 사용되는데 죄책감은 특정한 행위에 대해 평가하는 것이고 수치심은 자기 자신에 대해 평가하는 것입니다. 부모가 자녀의 행동에 대해서 구체적으로 조언하면 죄책감을 유발하지만, 인격 자체를 모독하면 자녀는 수치심을 느끼게 됩니다.

정신분석가 에리크 에릭슨은 심리사회적 발달 이론을 설명하며 유아기 때부터 자율감과 수치심을 경험한다고 했습니다. 부모는 아동에게 무엇을 해야 하는지, 하지 말아야 하는지 알려줘야 할 의무가 있습니다. 하지만 지나치게 엄하게 가르치고 통제하면 극도의 수치심을 경험하여 어른이 되어서도 자신을 수치스럽게 생각하게 됩니다. 심지어 땅속으로 꺼져버리거나 사라져버렸으면 하고 생각하는 경우도 있습니다.

어떤 부모는 아이에게 폭력적인 행동을 하거나 째려보고 조소하며 "너 때문에 못살겠다. 너는 애가 왜 그 모양이냐" 등의 욕설을 하기도 합니다. 엄마가 그렇게 강압적으로 행동하는 이유에 대해 물어보면 주변에서도 그렇게 아들을 대해서 문제가 없다고 생각하기 때문이라고 합니다. 또 다른 이유로는 친정 부모로부터 그렇게 대우받아왔기에 행동했을 수도 있습니다. 학대를 떠올리면 먼저 신체적 학대를 떠올리지만 언어폭력도 학대에 포함됩니다.

훈육은 명확하게 할 것

부모가 처음에는 안 된다고 하다가 아이가 울고 떼를 부리면 아이에게 끌려가는 경우가 있습니다. 혹은 아이가 하자고 하는 대로 하다가 갑자기 화를 내는 경우도 있습니다.

아이를 상담할 때 크게 느끼지만 중요한 것은 제한입니다. 되는 것과 되지 않는 것을 구별하는 것이 필요합니다. 떼쓰는 걸 보고 있는 게 너무 괴롭고 힘들어서 아이의 바람대로 끌려가면 아이는 부모의 제한을 받아들이지 못합니다. 또한 부모가 참다 끝내 폭발하면 아이는 부모가 화를 낸다고 생각합니다. 부모가 아이에게 목소리 톤을 낮춘 상태로 안 된다고 제한하여 아이의 행동을 지켜보는 것이 좋습니다.

남자아이들이 원하는 가치는 존중입니다. 자존감이 바닥 치는 시기인 사춘기에 타인이 자신을 무시한다고 생각하면 참지 못합니다. 상담할 때 아이들에게 치료실에서 지켜야 할 약속을 알려줍니다. 이 과정은 아이에게 '경계'를 깨닫게 합니다. 상담자는 내담자의 이야기는 들을 수 있지만 껌 씹는 것, 욕하는 것, 치료 시간을 지키지 않고 나가버리는 것은 안 된다고 알려줍니다. 처음에는 사소한 것에 실랑이 벌이던 아이도 명확하게 경계를 정해주면 오히려 편안해합니다.

부모가 아들에게 제한했던 방식을 바꾸지 않고 흔들리지 않으면 아들은 제한을 받아들입니다. 부모가 버텨주는 역할을 하는 것은 어렵습니다. 아들이 힘들어하는 모습을 보면 마음이 아파 견뎌내기 어렵기 때문입니다. 그러나 제한은 아들에게 반드시 필요한 발달 과정입니다.

엄마가 바라는 아이는 세상에 없다

아들의 행동이 갈수록 마음에 들지 않는다는 엄마가 있습니다.

남자아이는 여자아이보다 공격성과 관련된 테스토스테론이 분비되고 유대감과 관련된 옥시토신이 적게 분비됩니다. 그 때문에 엄마와의 대화가 적어지고 충동적으로 변하여 성급하게 움직일 때가 많아집니다. 그래서 엄마는 아들의 행동이 점점 이해되지 않을 수 있습니다.

아들의 단점만 보지 말고, 우선 아들에게 원하는 바가 무엇인지 생각해야 합니다. 생각하는 것과 쓰는 것은 다르므로 꼭 작성해보는 것이 좋습니다. 엄마가 부르는 말에 대답 잘하고 숙제도 제때 하고 친구와도 활발하게 지내고 친절하고 상냥한 아이를 기대할 수 있습니다.

엄마가 원하는 리스트는 다음과 같습니다.

- 숙제를 잘해야 한다.
- 친구들과 활발하게 잘 지내야 한다.
- 어른에게 공손해야 한다.
- 게임에 몰두해서는 안 된다.
- 동생과 절대 싸워서는 안 된다.

위의 리스트를 보면 이런 아이는 세상에 없을 것 같습니다. 이를 융통성 있게 실현 가능한 방식으로 다시 바꿔보면 다음과 같습니다.

- 늦어도 7시에는 책상에 앉아 숙제한다.

- 친구들과 가능한 한 활발하게 잘 지낸다.
- 아는 어른을 만나면 인사한다.
- 정해진 시간에만 게임한다.
- 동생과 가끔은 싸울 수도 있다.

아이가 실천할 수 있는 것을 리스트에 넣고, 중요한 원칙 몇 가지를 더 찾아서 정리하고 실천할 수 있게 하는 것이 필요합니다. 기대를 실현 가능하게 바꾸고 부정적인 언어가 아닌 긍정적인 언어로 아이를 변화시키는 것입니다.

엄마의 언어는 아들을 살릴 수 있습니다. 실천할 수 있는 영역인지 그렇지 않은 영역인지 구분하는 것이 필요합니다. 아들에게 말하는 방법에 대해 고민할 때 아들의 자존감이 더욱더 향상될 수 있습니다.

엄마의 말, 아들의 자존감을 만든다

두 권의 책을 냈지만 작가로 불리는 것이 참 어색합니다. 다른 사람에게 글을 보여줄 일이 없었고 학생 때 글짓기 상 몇 번 받은 것이 글에 대한 이력 전부입니다. 중학교 시절 국어 선생님에게 글을 잘 쓴다는 칭찬을 받은 적이 있지만 그 후 글 쓸 일이 별로 없었고 시간이 지나자 그 일은 완전히 잊어버렸습니다. 블로그에 글을 쓰거나 사진을 올리는 것에도 그다지 흥미가 없고 게을러서 매일 쓰지 못했습니다. 그런 제가 작가가 되고 싶다는 생각이 든 데는 우연한 계기가 있었습니다.

사회 초년생 때 은행에 만기된 적금을 찾으러 갔는데 "고객님 직업 물어보고 싶은데, 혹시 작가는 아니신가요?"라는 말을 듣고 그 후에도 신발 가게에서 작가가 아니냐고 들었습니다. 내 주위에 작가는 한 명도 없었기에 작가의 얼굴이 어떻게 생겼는지 궁금해졌습니다. 나의 어떤 모습이 작가로 보이는지 알고 싶었습니다.

그러던 중 꿈 분석 집단상담에 참여해 꿈에 대해 이야기할 시간이 생겼습니다. 집단상담 리더가 내게 "꿈이 다채롭네요. 혹시 직업이 작가인가요?"라고 물었습니다. 그때부터 '진짜 작가가 되어야 하나?'라는 생각이 들기 시작했습니다. 우연이 겹쳐서 필연이 되었고 그러고도 몇 년이 지나서야 책을 쓰게 되었습니다. 이렇듯 살면서 가끔은 타인의 말이 내 삶을 움직이기도 합니다.

엄마의 욕심이 만들어낸 험한 말

작가가 되는 것이 우연히 만난 사람들에게 영향받았다면, 엄마의 말과 아이를 바라보는 눈빛과 언어는 아이에게 이보다 훨씬 큰 영향력을 미칠 것입니다. 엄마는 아이가 걱정되고 염려돼서 하는 말이지만 아이에게 독이 되는 말을 하지는 않는지 살펴볼 필요가 있습니다.

"너는 왜 그거밖에 안 되니?"

"너 뭐가 되려고 그래?"

"그러다가 거지 된다."

가끔 이렇게 엄마가 아이에게 위협적으로 말하는 것을 듣게 됩니다. 물론 엄마가 그렇게 말하는 이유는 아이에게 그런 미래가 오지 않으면 좋겠다는 바람 때문입니다. 그런데 문자 그대로 읽으면 그 말이 너무나 험악합니다. 이런 말을 다른 집 아이에게는 할 수 없을 겁니다.

상담실에서 부모님에게 이렇게 물어볼 때가 있습니다.

"진짜 아이가 커서 거지가 되면 좋을까요? 아니면 그렇게 실패하는 사람이 되어도 괜찮나요?"

다른 집 아이에게 하지 않는 말로 아들의 기를 죽일 필요가 있을까요? 불안함을 갖고 아들을 바라보지 말고, 비전을 가지고 아이를 바라보면 좋겠습니다. 엄마가 아들을 키우는 방식이 불안으로 인해 흔들리고 있는 것은 아닌지 살펴보기 바랍니다.

욕설을 적은 아이들의 말

집단 미술치료 시간에 종이 한가득 욕설을 써놓고 서로 욕하는 아이들에게 질문했습니다.

"너희, 집에서 자주 듣는 말이 뭐니?"

한 아이가 멋쩍다는 듯이 슬쩍 웃고는 내 눈을 똑바로 보며 당당하게 말했습니다.

"여기 써 있잖아요. 어른들은 다 욕하죠. 욕 안 하는 집이 어디 있어요?"

"드라마에서는 욕 안 하잖아."

"드라마는 가짜 아니에요? 거짓말인 거 다 알아요. 참 내."

아이에게는 부모에게 욕먹고 견디는 게 진짜 세상이었습니다.

대학원에 다닐 때 국가 지원으로 저소득층 아이들을 대상으로 하는 집단 미술치료에 참여한 적이 있습니다. 그때는 아이들이 치료실로 올 수 없어서 공부방으로 직접 갔습니다. 공부방이 있던 아동 센터의 지붕은 비닐과 슬레이트로 만들어져 바람이 불면 무너져버릴 것 같았고, 형광등의 불빛은 흐릿했습니다. 화장실에서 새어 나오는 비릿한 오줌 냄새는 비위가 상할 정도였습니다.

프로그램에 참여한 아이들의 부모는 공공 근로로 겨우 생계를 이어가거나 사업 부도의 충격으로 알코올중독에 빠져 있었습니다. 제대로 돌봄받지 못한 아이들은 ADHD로 의심될 만큼 산만했으며, 크게 소리 지르고 미술치료의 재료들을 망가뜨리기도 했습니다. 아무리 봐도 개별적인 치료가 필요해 보였습니다.

다양한 재료를 만져보지 못했을 아이들에게 체험의 기회를 주고 싶었습니다. 재료비보다 더 많은 돈을 들여 과자를 사 와서 집을 만들게 했습니다. 하지만 그러기도 전에 과자는 아이들 입으로 다 들어가버렸습니다. 아이들은 누구보다 먼저 자기 입에 과자를 넣는 것이 더 급했습니다. 그런 아이들이 자주 했던 말은 "색종이 가져가게 해주세요" "크레파스 저 주면 안 돼요?"라는 것이었습니다. 아이들의 내면은 모두 허기진 상태였습니다.

마지막 날 아이들의 부모를 만났습니다. 부모들은 낯설고 어색해하면서 아이의 미술치료 결과에 대해 궁금해했습니다. 생활고에 시달리면서 내면의 분노를 자식에게 폭발시키고 있는 그들도 아이를 사랑하는 사람이었습니다. 아이의 문제점뿐만이 아니라 가진 장점들에 대해서도 이야기해주었습니다. 그리고 아이가 욕을 적은 그림을 보여주었습니다. 부모는 잠시 할 말을 잃은 듯했습니다. 부모도 삶에 지치고 생활고에 힘들어서 아이에게 할 수 있는 말은 욕밖에 없을 수도 있습니다.

"아무리 힘들어도 아이에게 욕 말고 진짜 하고 싶은 이야기를 해주시면 어떨까요? 욕을 듣고 자란 아이의 마음에는 욕이 자라니까요."

부모의 말은 아이의 자존감을 좌우합니다. 지금 어떤 말을 아이에게 심어주고 있는지 한번 생각해보면 좋겠습니다.

아이에게 하는 말을 기록해보기

어떤 아이로 키우고 싶은지 리스트를 만들어봅시다. 아들에게 바라는 것을 사진첩으로 만들어도 좋습니다. 엄마의 말이 독해지고 화내는 이유를 살펴보면, 미래에 대한 불안이 원인인 경우가 많습니다.

예를 들어 아이가 숙제를 하지 않았는데 엄마가 지나치게 화낼 때의 엄마의 생각을 따라가봅니다. 이때 엄마의 걱정은 지금 숙제하지 않으면 아이의 미래가 다른 아이보다 뒤처진다는 것입니다. 숙제하지 않은 현실보다 아이가 불행해질 것 같은 불안이 더 크게 밀려옵니다.

심리학자 칼 로저스는 부모가 아이를 양육할 때 아이가 원하지 않는 방식으로 양육되면, 아이는 부모의 긍정적인 면을 보지 못한다고 했습니다. 부모도 어린 시절을 생각해볼 때 자신의 부모가 어떠한 모습으로 나를 대했을 때 즐거웠는지 되돌아볼 필요가 있습니다.

아이에게 어떤 말을 하고 있는지 기록해보기 바랍니다. 엄마의 말대로 아이가 성장한다면 어떻게 될지 지켜봐야 합니다. 엄마는 아이에 대한 그림을 그려나갈 수 있습니다. 아들에 대해서 불안감으로 두려워하기 전에 아이에 대해 어떤 비전을 가지고 있는지 생각해보는 것이 필요합니다. 또한 아이에게 부정적인 말을 들은 엄마는 자신이 어떤 말을 듣고 자라왔는지 살피는 것이 필요합니다. 아니면 엄마가 타인에게 지나치게 친절하거나 순한 사람이라 내면에 좌절된 분노를 아이에게 퍼붓고 있는지도 살펴봐야 합니다.

아들은 분노를 차곡차곡 쌓아놓았다가 어느 날 갑자기 터트립니다. 미적미적 할 일을 미루다 보면, 사춘기가 되어 분노하며 뒤집어지는 일도 있습니다. 아이가 어리다고 존중하지 않고 함부로 대하면, 결국 그 화살은 부모에게 돌아오게 됩니다. 그러므로 아들을 어리고 힘없는 대상이 아니라 존중하는 대상으로 대하는 것이 중요합니다. 그리고 아들이 바라는 대로 비전을 세워야 합니다.

아이에게는 아이만의 스토리를 만들어주는 게 중요합니다. 그중 하나는 태몽이 될 수 있습니다. 엄마가 이런 꿈을 꾸고 널 낳았다,라고 스토리를 만들어주는 것입니다. 또한 주인공이 세상의 험한 풍파를 이겨내서 영웅으로 성장하는 책을 읽어주는 것도 도움이 될 것입니다. 주인공이 어려움을 겪고도 성장하듯 아이도 나아갈 수 있다는 것을 알려줘야 합니다. 지금은 약하고 어리지만 그 연약함으로 세상을 이겨낼 수 있는 어른이 될 수 있다는 믿음을 줄 수 있다면 엄마는 아이의 꿈을 키워낼 수 있습니다.

아들과 대화하고 싶은데
말을 듣지 않아요

상담실에 찾아온 부모들이 아들하고 대화 좀 하려는데 말을 듣지 않는다는 이야기를 종종 합니다. 엄마는 아들 잘되라고 말하는데 아들은 멍하게 눈빛을 흐리거나 때로는 다른 곳을 보고 있거나 듣기 싫다며 화를 냅니다. 그리고 엄마가 하는 이야기는 잔소리고 반복되는 말이기 때문에 듣기 힘들다고 합니다. 그렇지만 첫 상담에는 집중하지 않던 아이가 시간이 지나자 말이 잘 통한다면서 흥미로운 표정을 짓기도 합니다.

상담에서 중요한 것은 공감입니다. 잘 듣고 이해하려고 노력하는 태도를 취해야 타인의 이야기를 제대로 들을 수 있습니다. 엄마의 말에 아들이 알았다고 해도 변화한다는 것은 아닙니다. 부모가 아이의 눈을 바로 보고 이야기해야 아이는 듣는 시늉이라도 합니다. 하지만 부모는 책임감 때문에 아들을 이해하기보다는 윽박지르게 됩니다.

대화를 여는 여섯 가지 방법

작가 천계영의 만화 〈예쁜 남자〉에서 이런 말이 나옵니다. "사람의 마음을 알려면 버튼을 찾아! 그 사람을 조정할 수 있는 마음의 버튼"이라고요. 상담사의 말로 바꾸면 상대의 마음을 읽으려면 "버튼을 찾아라, 경청과 집중"이라고 하고 싶습니다.

첫 번째, 아이의 말을 듣기 위해 경청해야 합니다. 다른 사람과 대화하려고 할 때 중요한 것은 내가 말하는 것이 아니라 상대방의 말을 듣는 것입니다.

고대 그리스의 철학자 에픽테토스는 이렇게 말했습니다.

"자연이 인간에게 하나의 혀와 두 귀를 준 것은 말하는 것보다 두 배는 더 들으라는 뜻이다."

상담할 때 오해받는 것 중 하나가 상담자가 문제에 대해서 특별히 조언해줄 것이라는 점입니다. 좋은 조언은 강연이나 책으로도 충분하게 들을 수 있습니다. 하지만 사람은 좋은 이야기를 들어도 그렇게 쉽게 변하지 않습니다. 살아가던 방향대로 살아가기가 더 쉽기 때문입니다.

두 번째, 무엇보다 중요한 것은 타인의 말을 들으려는 태도입니다. 상대의 말에 경청하겠다면서 딴 곳을 바라보거나, 스마트폰을 만지작거린다면 말과 행동이 다른 것입니다. 팔짱을 끼거나 손을 호주머니에 넣거나 의자에 몸을 기대고 있다면 방어적인 태도로 보입니다. 게다가 눈 맞춤을 피한다면 상대방과 소통하지 않겠다는 무언의 의사를 표현한 것입니다.

의사소통에서 비언어적인 의사소통이 75%라는 것은 중요한 의미를 지닙니다. 엄마가 아들의 행동을 한심하게 여기면서 조소하거나 째려보는 눈빛을 보낸다면 보이지 않는 상처를 주는 것입니다. 엄마도 대화할 때 자신의 눈빛, 웃음, 표정, 동작, 접촉 등을 세밀하게 점검하는 것은 도움이 됩니다.

자신의 비언어적인 의사 표현이 어떠한지 어떻게 알 수 있을까요? 이때는 거울을 보거나 아니면 녹화해서 보는 것도 좋고, 솔직하게 조언해줄 친구에게 가서 물어보는 것도 좋습니다. 거울처럼 행동을 반영해줄 무엇인가를 찾아야 합니다.

청소년기의 아들은 잘 말하지 않습니다. 엄마가 자기 이야기를 들어주지 않고 잔소리만 할 것 같다면 입을 다물어버립니다. 엄마가 하고 싶은 말만 하는데 들어야 할 이유가 없다고 생각합니다. 그래서 사춘기가 오기 전에 부모가 아이의 생각을 들어준 경험이 많아야 관계를 계속 맺어가는 것이 가능합니다.

세 번째, 아이의 말을 그대로 읽어주는 것입니다. "아, 그랬구나" "그렇게 생각하는구나"라며 잘 들어줘야 합니다. 또는 아이의 말을 정리해서 다시 반영해주는 것이 필요합니다. 이때 조언은 잠시 멈춰야 합니다.

엄마가 혹시 다음과 같이 말하지는 않았는지 살펴보세요.

"그건 아니지, 내가 생각하건대 그건 이렇게 하는 게 좋아."

"넌 무슨 그런 생각을 하니?"

"난 그런 생각 안 하는데."

"무슨 말인지 모르겠네."

엄마의 말을 잘 보면 모두 엄마의 생각이 옳다는 전제하에 하는 말입니다. 아들의 인생은 짧고 엄마는 아들보다 긴 인생을 살아왔으니 더 넓은 시야를 가졌을 것입니다. 그래서 아들의 말을 끊어버리고 틀렸다고 주장하면서 엄마가 하고 싶은 말을 떠올릴 것입니다. 누구든 자신의 이야기가 틀렸다고 말한다면 듣고 싶지 않을 것입니다. 이때 상대의 이야기에 다시 집중해야 합니다. 옳고 그름을 내려놓고 경청해야 합니다. 무엇보다 상대의 말을 집중해서 듣는 것이 중요합니다.

경청은 훈련이고 연습입니다. 물론 상대가 하는 말이 100% 이해되거나 받아들여지지 않을 수도 있습니다. 여기서 포인트는 '나는 옳고 너는 틀렸다'라는 생각을 내려놓는 것입니다. 아이가 어른과 대화하는 것을 불편해하는 이유는 어른이 고자세를 취하거나 자신이 답을 알고 있다는 태도 때문입니다.

그래도 상대방의 이야기가 무슨 말인지 이해되지 않거나, 그의 말을 제대로 듣지 못했을 때는 다시 말해달라고 하면 오히려 상대방이 이야기를 듣게 됩니다. "미안한데, 다시 한번 이야기해줄래? 내가 제대로 못 들어서……"라고 한다면 말하는 사람은 오히려 이해받는 느낌이 든다고 합니다.

아들의 이야기에 무슨 말인지 모르겠다며 조리 있게 말하라고 무안 주는 것은 하지 않는 것이 낫습니다. 만약 힘든 일이 있어서 친구에게 전화했는데 친구가 조언을 다그치며 한다면 대화를 이어가고 싶지 않을 것입니다. 누구든 자신의 이야기를 잘 들어줘야 즐겁고 재미있을 것입니다.

네 번째, 감정을 읽어주는 것입니다. 상대방 말을 반영하고 관찰하여 감정을 읽어줍니다. 타인의 감정을 잘 읽어주려면 자신의 감정을 잘 읽어야만 가능합니다.

"오늘 친구랑 싸워서 밉다고. 그래서 머리를 푹 숙이고 있었구나. 마음이 울적했겠네."

"학교에서 상장을 받았다고. 기분이 좋았겠네."

"아, 학교 갔다가 집에 와서 숙제할 게 많았다고. 머리가 아팠다고. 우리 아들 마음이 무거웠겠다."

부모 입장에서는 밀린 집안일을 해결하다 보니 아이의 말을 들어주기가 힘들 수도 있습니다. 그래서 아이의 말에 신경 쓰지 못할 수도 있습니다. 그렇다면 하루 10분 듣는 것부터 시작하면 됩니다.

다섯 번째, 상대방의 말에 대해서 관심을 가지고 질문하는 것입니다. 아들이 무엇 때문에 그런 생각을 하게 되었는지 궁금하고 질문하는 것은 관심을 나타내는 것입니다. 예를 들어 "엄마, 나 머리가 아픈데 오늘 학원 가지 말까?"라고 하면 "학생이 공부를 안 하면 어떡해?" "너 생각이 있는 거야, 없는 거야!"라거나 "말도 안 되는 소리 하고 있어"라고 하기 쉽습니다. 학원을 매번 빠지겠다는 아이에게 좋은 말을 할 수는 없겠지만 간혹 빠지는 아이라면 "오늘 학원 가는 게 힘들다고? 기분도 안 좋아 보이는데. 가기 싫은 다른 이유가 있는 건 아니야?"라고 물어보는 것부터 시작한다면 대화로 이어질 수 있습니다.

여섯 번째, 나를 주어로 의견이나 소망을 말하는 것이 필요합니다. 아들과 생각이 다르다면 충분히 감정을 듣고 난 뒤 엄마의 의견을 말하면 됩니다. 나를 주어로 하는 것은 'I-Message'라고 합니다. 충분히 수용한 다음 나의 생각을 건네는 것입니다. "엄마는 네가 학원 갔으면 좋겠는데. 또 빠진다고 하니 화가 나기도 하고 말이야"라는 말은 비난이 아닙니다. 감정도 말하고 의견도 말하는 것입니다.

남자아이들은 충동적인 행동을 하는 경우가 있습니다. 아들의 급작스러운 행동에 엄마는 당황해서 화를 내기가 쉽습니다. 아들의 거친 행동을 중단시키기 위해서입니다. 이럴 때 우선 아동의 감정을 읽어주는 것이 필요하고, 제한을 전달하고 수용 가능한 대안을 제시하는 것이 필요합니다.

물론 책으로 읽은 것이 쉽게 실천되지 않듯이 실천은 어렵습니다. 상담을 처음 시작한 3년 정도는 상담했던 회기를 매번 녹음했고 그것을 축어록으로 풀고 다시 듣기도 했습니다. 내담자들과 어떤 방식으로 대화하는지 알아보는 것이 필요했기 때문입니다. 부모도 양육의 새로운 기술을 익히는 것에서 그치는 것이 아니라 자신이 어떤 식으로 말하는지 관찰하는 것도 필요합니다. 상담에 오는 부모들에게 기록하도록 숙제를 내주기도 하는데 여러 번 연습하다 보면 아이의 행동도 바뀌어갑니다. 매번 아들의 말을 다 잘 들을 수는 없지만 하루에 10분, 힘들다면 단 몇 분만이라도 듣는 것부터 시작해보세요.

고민을 해결하기 힘들 때

"아들이 고민을 말할 때 정말 어떻게 해야 할지 모르겠어요."

엄마는 한숨을 푹 쉽니다. 머리가 아프다고 핑계 대거나 아이를 피해 방에 들어가기도 하고, 아이의 말을 듣지 않기도 합니다. 문제를 해결해주고 싶지만 그러지 못하기 때문에 아이의 고민 이야기가 짐스럽고 아들과의 관계가 더 힘들어지는 것이지요.

심리학회 상담심리 전문가와 임상심리 전문가라는 직업을 갖고 있으면 찾아오는 사람들의 모든 문제를 어떻게 해결하는지 궁금해하는 분들이 있습니다. 우선 듣습니다. 상담사가 모든 문제를 해결할 수는 없습니다. 해결책을 제시한다고 사람들이 바뀌지도 않습니다. 또한 상담실을 내방한 내담자 이외에는 상담사로서의 역할을 하지 않습니다.

마음이 답답할 때 친구에게 전화를 한다고 합시다. 그 친구가 갑작스럽게 조언하면 전화를 끊어버리고 싶을 것입니다. 그저 섣부른 지적, 조언, 판단 없이 내 이야기를 들어준다는 것만으로 마음이 풀릴 것입니다. 아이와 옆에 있어주는 것만으로 아이에게는 도움이 됩니다.

엘리자베스 퀴블러 로스는 《인생 수업》(이레, 2006)에서 가장 강한 사랑의 표현은 옆에 있는 것이라고 했습니다. 사랑하는 이가 힘겨워할 때 그 사람의 문제를 해결해줄 수 없더라도 그저 옆에 같이 있어주고 오랜 시간 지켜봐준다면 가장 강한 사랑의 형태가 될 것이라고 합니다.

아이가 원하는 것은 잘 들어주는 것입니다. 아내가 남편에게 원하는 것이 잘 들어주는 것처럼 말이지요. 아이가 말할 때 부담감을 갖지 마세요. 그리고 정말 모르겠으면 아이에게 질문해보세요. 소크라테스처럼 질문을 통해서 스스로 답을 찾아갈 수도 있을 것입니다.

아들이 욕설과 거친 말을 해요

부모가 아들의 언어습관 때문에 힘들어하는 경우가 있습니다. 욕설을 하거나 거친 말을 하거나 예상치 못한 말을 할 때입니다.

"애가 욕하는 것 보고 황당해서. 말을 해도 어떻게 그런 말을 할 수 있는지……."

남자아이들은 초등학교 고학년이 되면서 강한 척한다고 욕하기도 하고 또래와 어울리면서 자기도 모르게 욕을 배우게 됩니다. 부모 앞에서도 험한 말을 하면 심각한 상황이 됩니다. 부모가 아들의 좋지 않은 언어습관을 발견하면 힘들어하는 경우가 많습니다.

남자아이들은 왜 거친 말을 쓰는 걸까요?

첫째, 남자아이들이 서로 거친 언어로 대화하는 것은 자신이 우월하다는 것을 나타내거나 엄마를 누르기 위해서입니다.

둘째, 욕설이 반복된다면 부모의 언어생활을 살펴보는 게 좋습니다. 아이가 꾸물거리거나 말을 듣지 않을 때 아이에게 욕설을 지속적으로 퍼붓는 부모를 본 적이 있습니다. 부모와 면담하다 보면 아이에게 욕설을 할 수도 있다고 생각하는 분도 있습니다. 그런 부모일수록 자신도 부모에게 욕설을 들으며 살았고 아이에게 그럴 수 있다고 쉽게 생각합니다. 부모가 인격적으로 존중받지 못했기에 아이에게 존중받는 것이 무엇인지 알려주지 못하는 것입니다.

좋은 말과 나쁜 말이 뇌에 미치는 영향

욕설의 결과가 어떤지 살펴보겠습니다. 어떤 프로그램에서 말의 힘에 대해 실험한 동영상이 있습니다. 무심코 내뱉은 말에 따라서 어떤 결과가 나타나는지 알 수 있습니다. 밥을 투명한 통에 넣고 "미워" "싫어" "짜증 나" 등의 듣기 싫은 말을 하고 다른 통에 넣은 밥은 "사랑해" "고마워" 등의 긍정적인 말을 합니다. 20~30일 정도 지나고 확인하니 다른 결과가 나타났습니다. 실험 결과는 나쁜 말을 들은 밥은 냄새가 역하고 시커멓게 썩어버렸고 좋은 말을 들은 밥은 구수한 냄새가 나면서 누룩곰팡이가 예쁘게 피었습니다. 긍정적인 말과 부정적인 말이 생명체에게 어떤 영향을 미치는지 보여주는 결과입니다.

부모가 욕설을 퍼붓는 것이 습관화되어 있다면 일단 멈춰야 합니다. 이후에 아이의 언어생활을 바꾸도록 함께 노력해야 합니다. 부모가 스스로 바뀌어야만 언어습관이 대물림되지 않을 수 있습니다.

심리학자 셜리 임펠리제리의 연구에 따르면 부모가 부정적인 감정을 서툴게 처리하여 욕설하게 되면, 아이는 자신의 정서를 대처하는 방법을 알지 못해서 부적절한 방법인 욕설 같은 것으로 해결할 수 있다고 합니다. 부모 자신이 분노하거나 힘겨워질 때 스스로를 달래주거나 위로하는 능력이 없다면 그 부모는 아이의 감정을 돌보는 데 미숙할 수밖에 없습니다.

아이는 부모와의 관계를 통해서 내적 작동 모델을 형성해갑니다. 부모가 자신에게 보여준 행동이나 태도를 통해서 스스로가 사랑받을 만한 사람인지 느끼는 것입니다. 무엇보다 부모가 아이에게 반응을 하고 이를 되돌려주는 정서적인 조율이 중요합니다. 아이의 감정을 부모가 반영해줄 때 아이는 부모와 연결되었음을 느끼며 다양한 감정을 느낄 수 있는 것입니다.

부모와 자녀가 어떤 정서를 경험하는가에 따라서 뇌의 신경 회로인 시냅스의 연결이 많아질 수도 있고 적어질 수도 있습니다. 정서적인 안정성을 경험할 때 뇌의 도파민이 나오게 되고, 욕설하거나 무시하는 반응을 받을 때 코르티솔이 나와서 스트레스 상황에 놓이게 됩니다. 인지발달만큼 중요한 것은 정서발달이므로 부모가 아들의 정서적인 조율을 고려하는 것은 무엇보다 중요합니다.

부정적인 감정에 솔직해지기

"엄마가 진짜 밉고 싶어요."

"친구를 죽여버리고 싶어요. 동생도 없었으면 좋겠어요."

이와 같이 아들이 말을 솔직하고 가감 없이 표현할 경우 엄마는 당황하게 됩니다.

"어떻게 그런 말을 할 수 있는지 이해가 가지 않아요. 아이가 그런 생각을 할 수 있나요?"

부모는 아들의 태도를 이해할 수 없다고 합니다. 도덕적이고 윤리적인 성향의 부모는 아이의 말에 기겁합니다. 아이는 친구가 미운데 어떻게 표현해야 할지 몰라서 그럴 수도 있습니다. 아이는 어른처럼 세상을 인지하지 못하고 자신만의 시각으로 세상을 바라봅니다. 그래서 어른과 아이가 바라보는 시각은 너무나 다릅니다. 부모에게는 별일 아닌 것으로 생각되는 것이 아이에게는 큰 상처가 되기도 합니다. 아이는 내면의 생각을 있는 그대로 말합니다.

치료실의 공간이 안전해서 감정 표현에 솔직해도 괜찮다고 생각

되면 아이들은 자신의 마음을 이해하는 치료사에게 감정을 있는 그대로 표현합니다. 이를테면, 놀이치료에서 총을 쏘면서 치료사를 죽이는 일을 반복하고 무척 즐거워합니다. 놀이 중에 수많은 공룡들이 나와서 아작아작 사람들을 씹어 먹거나 사람을 모래 속에 파묻고 눌러버리고 드릴로 파기도 합니다. 가끔은 자신을 혼내는 엄마에 대한 미움을 치료사에게 독 사과를 주면서 부정적인 감정을 풀기도 합니다. 그저 맑고 순수해 보이는 아이들에게도 잔인한 면이 있습니다.

좋은 엄마와 나쁜 엄마

아이들은 엄마를 좋아하지만 미워하기도 합니다. 가장 가까운 대상에게는 두 가지의 양가감정이 공존합니다. 아이가 어릴 때는 육체적으로는 분리되었지만 정서적으로는 하나로 느낍니다. 아이는 '분리-개별화 단계'에 이르러서야 엄마에 대해서 자신이 원하는 대로 해주는 좋은 면이 있지만 좌절시키는 나쁜 면을 발견하게 됩니다. 좋은 엄마와 나쁜 엄마를 하나로 통합하지 못하고 분리해서 생각합니다. 한 명의 엄마를 두고 나쁜 엄마와 좋은 엄마 두 사람으로 인식하는 것입니다.

그래서인지 동화에서는 착한 엄마인 친엄마는 죽고 나쁜 엄마인

새엄마가 나와 주인공을 힘들게 합니다. 예를 들면 동화 〈헨젤과 그레텔〉의 마녀는 부정적인 어머니상일 수 있습니다. 마녀는 과자로 만든 집으로 아이들을 먹여주었지만 다른 곳으로 가지 못하게 붙잡아두었습니다. 결국 아이들은 나쁜 엄마로부터 독립하기 위해 마녀를 물이 펄펄 끓는 솥에 집어넣었습니다.

엄마는 따뜻하고 포근한 면도 있지만 야단 치고 화도 내는 무서운 존재이기도 합니다. 정신분석학자 지그문트 프로이트는 유아는 끊임없는 욕구와 열망을 가지고 있다고 했습니다. 부모가 아무리 완벽하게 아이를 돌봐준다고 해도 아이는 좌절감을 경험할 수밖에 없고, 애정욕구가 좌절됨으로 인해 공격성을 가지게 됩니다.

사랑과 공격성은 우리 내면에 동시에 존재합니다. 부모의 선한 부분과 악한 부분이 동시에 존재하듯 내 안에도 선한 부분과 악한 부분이 있다는 것을 통합적으로 받아들여야 합니다. 소설 주인공인 해리 포터에게도 악당인 볼드모트의 피가 흐르고, 영화 〈스타워즈〉에서 루크가 적으로 생각했던 다스베이더가 자신의 아버지인 것을 알게 되듯이 말입니다. 상담하면서 내면의 어둡고 보고 싶지 않은 면이 나타나는 게 두렵다는 사람들이 있습니다. 그러나 부정적인 정서를 표현할 수 있어야 내면의 풍부한 자원들을 사용할 수 있을 것입니다.

부모 또한 어린 시절 누군가를 정말 미워해본 적이 없는지 생각해봐야 합니다. 아이가 거친 말을 밖에서도 계속하게 해서는 안 됩니다. "그런 말 그만해"라고 제재하는 것도 필요합니다. 아이가 무엇 때문에 속상했는지 감정을 읽어주고 우리 안의 부정적인 면을 함께 바라봐줄 때 아이는 성장할 수 있습니다. 엄마에게 미운 감정을 솔직하게 말한 아이는 건강합니다.

아이가 말하는 대로, 행동하는 대로 자라서 문제아가 되고 사이코 패스가 될까 봐 걱정할 수 있습니다. 그러나 자신의 감정을 언어화하고 표현할 수 있는 아이는 그 감정을 소화할 수 있을 것입니다. 부모는 아이가 부정적인 이야기를 할 때 우선 들어주는 것부터 시작하고 거친 언어를 적절한 언어로 표현하도록 도와주면 됩니다.

아들의 마음을 읽어주고
언어를 순화해주기

아들이 타인을 향해 미워하는 마음을 가질 수는 있습니다. 그러나 험악한 말을 하는 것은 관계를 맺는 데 어려움이 있다고 알려줘야 합니다. 엄마가 아이의 감정에 대해 야단치게 되면 아들은 엄마와 얘기하는 것을 피하게 됩니다.

어린 시절 엄마가 두려워서, 권위적이기 때문에 솔직한 마음을 표현하지 못한 어른이 된 아들을 만난 적이 있습니다. 아들은 두려움 때문에 분노로 내면이 병들어가고 있었습니다. 아들이 건강한 어른, 즉 세상의 리더가 되는 방법은 마음을 읽어주는 것입니다.

좋은 관계를 맺는 대화를 엄마가 먼저 시작하면 어떨까요? "엄마가 밉다고 무엇 때문에 그러는 건지 얘기해주었으면 좋겠다" 하며 아들의 이야기를 듣고 "그런데 엄마가 밉다고 하니 엄마도 속상하기는 하네"라고 하면 아이가 왜 그런 말을 했는지 솔직하게 이야기할 수 있습니다. 그리고 아이도 엄마도 서로의 마음을 이해할 수 있습니다. 만약 아이가 원하는 것이 있다면 "네가 그런 바람이 있구나" 하고 마음을 읽어주고 엄마는 어떤 생각을 하는지 이야기할 수 있습니다. 어쩌면 감정을 솔직하게 표현할 줄 아는 남자를 만드는 것은 세상에서 처음 만나는 엄마를 통해서 가능합니다. 아들에게 엄마는 누구보다 소중한 존재입니다.

참고하기

- 심리학자 반 데어 콜크의 연구에 따르면 정서적으로 충분히 보살핌을 받지 못하고 언어나 신체적인 학대를 받게 될 때의 외상 경험은 마음과 뇌에 영향을 미치게 된다고 합니다. 실제로 뇌 용적이 감소하고, 뇌량이 감소할 수 있다고 합니다. 아울러 뇌의 크기가 감소할 수 있는데, 만 다섯 살까지 신경학적으로 급속도로 발달하는 시기의 부정적인 경험이 생물학적으로 큰 영향력을 끼치게 됩니다.

아들이 자꾸 거짓말해요

"선생님, 어떻게 그런 거짓말을 아무렇지 않게 할 수 있죠? 절대 그런 일을 한 적이 없다는 표정을 짓고 있어요. 너무 화가 나는 거 있죠."

화가 난 얼굴로 들어온 영호 어머니는 아이가 왜 그런 행동을 하는지 도저히 모르겠다며 아이와 함께 상담실에 왔습니다. 그런데 아이는 어쩐지 억울한 표정을 지었습니다. 모든 정황으로 봐서 아이는 학원을 빠진 것이 분명한데 아니라고 합니다.

"선생님, 전 진짜 그런 적이 없어요. 엄마랑 학원 선생님이 잘못 알고 있는 건데……."

다시 기회를 줄 테니 솔직하게 말하라는 어머니의 말에 영호는 결국 눈물을 터트리고 말았습니다.

영호 어머니는 주변 엄마들의 입소문을 듣고 영호가 다니던 학원을 옮겼습니다. 그런데 영호는 새로운 학원에서 수업을 따라가는 것이 힘들었습니다. 학원 수업을 따라가기 힘들어서 빠졌다고 변명해도 엄마가 화를 낼 것이 걱정이 되었습니다. 아이는 이럴 때 진실을 말하지 않고 모르는 척하는 것이 낫다고 생각합니다. 그래서 영호는 절대 그런 적이 없다고 말할 수밖에 없었을 것입니다.

영호가 나가고 영호 어머니에게 "아이가 잘못했다고 사실을 말하면 어떻게 하시겠어요?"라고 묻자 "학원을 빠졌는데 혼나야죠!"라고 했습니다. 진실을 말해도 아이의 죄는 용서되지 않습니다.

아들이 거짓말을 하는 영역

부모로부터 아들이 거짓말을 해서 속상하다는 이야기를 자주 듣습니다. 그 이유가 무엇인지 살펴보면 학습이나 게임과 관련된 경우가 많습니다.

아이가 거짓말을 하고 학원에 이리저리 빠지는 것을 반가워할 부모는 없습니다. 자기주도식 학습이 필요하다지만 혼자 공부하는 아이는 드물고 학원을 다니는 아이가 대다수입니다. 부모 입장에서 학업성적을 올리기 위해 등록한 학원을 마음대로 빠지는 아이를 그냥 받아줄 수는 없습니다.

그래서 엄마는 "너 한 번만 더 그러면 가만두지 않겠어!"라며 윽박지르기도 합니다. 가끔은 엄마가 아이의 행동에 실망해서 도저히 견딜 수가 없고, 아들로 인한 실망이 크다며 소리 지르기도 합니다.

아들의 거짓말에 숨겨진
엄마의 불안 찾기

드라마 〈선덕여왕〉에 나왔던 미실의 대사 중 "사람은 능력이 모자랄 수 있습니다. 사람은 부주의할 수도 있습니다. 사람은 실수할 수도 있습니다. 사람은 그럴 수 있습니다. 하지만 내 사람은 그럴 수 없어"라는 말이 기억납니다. 엄마도 미실처럼 다른 사람들에게는 너그럽지만 내 아이에게만은 단호하고 차가운 모습을 보이는 것은 아닌지 살펴봤으면 합니다. 가끔은 나와 아무런 관계도 없는 타인은 이해하면서 가장 소중한 내 아이는 이해의 대상이 되지 못할 때가 많습니다.

영호 어머니는 아들의 거짓말을 한번 봐주다가 영호가 앞으로도 거짓말을 반복할까 두렵고 아울러 아이가 자라면서 언젠가 엄마의 말을 듣지 않을까 봐 걱정된다고 했습니다. 부모의 말에 거역했던 적이 없었는데 지금 아이의 마음을 잡지 않으면 어떤 일이 일어날지 걱정된다고 했습니다.

감정에 휩싸인다면 무엇 때문인지 살펴보는 것이 중요합니다. 영호 어머니는 아들이 무엇 때문에 불안해하는 건지 살펴보기로 했습니다. 어릴 적 영호 외할머니는 오로지 아들만 중요하게 여겼습니다. 그래서 외할머니는 아들인 남동생, 오빠만을 위했고 영호 어머니는 소외되었습니다. 대학 갈 성적과 형편이 못 되어 진학을 포기하고 직장에 다니다 남편을 만나 결혼했습니다. 남편은 결혼 전 어디에서도 인정받지 못하던 그녀를 사랑해주는 사람이었지만, 결혼하면서는 일 때문에 바빠져 영호 어머니를 소홀하게 대했습니다.

영호 어머니는 부모에게 관심받지 못하고, 바쁜 남편과의 관계에서 소외감을 느끼며 분노가 차곡차곡 쌓여갔습니다. 그나마 힘낼 수 있는 원동력은 영호였습니다. 게다가 영호 어머니는 소극적인 성격으로 친구 사귀는 것도 어려워서 모든 관심을 아이에게 쏟았습니다. 아이를 잘 키워서 좋은 엄마가 되고 싶었습니다.

"일류 대학에 보내자."

영호가 성공한다면 영호 어머니의 삶은 의미가 있을 것 같았습니다. 그러기 위해서는 강한 엄마가 되어야 했습니다. 이런저런 시간을 소모하느라 영호가 불필요하게 실수하는 것을 막아야 했습니다. 성취감을 맛볼 수 있는 것은 아이의 성적이니, 아이의 스케줄을 체크해야 했습니다. 영호 어머니는 다른 사람들을 대하는 것과 달리

영호에게는 매서운 사람이었습니다. 영호는 엄마의 선택에 따라서 행동하는 착하고 유순한 아이었습니다. 결국 영호 어머니는 아들의 성적으로 자신의 존재감을 증명하고 싶었던 것입니다.

영호 어머니에게 필요한 것은 자신의 정체성을 아들로부터 찾으려던 것을 내려놓는 것입니다. 아이를 거짓말쟁이로 몰아세우기 전에 원하지도 않는 학원을 억지로 다녀야 하는 아이의 고통을 이해하는 것이 필요했습니다.

합리적인 대안 찾기

영호 어머니는 영호가 학원을 빠진 것으로 흥분하기 이전에 학원을 잘 다녀온 아이가 이번 학원은 제대로 다니지 못하는 이유가 무엇인지 먼저 물어보는 것이 필요합니다. 영호가 매번 거짓말하고 빠진 것은 아니었습니다. 지금까지 학생으로서의 의무에 성실한 아이었다는 것을 생각해봐야 합니다.

영호는 엄마의 의지대로 움직이는 아이였기 때문에 자기가 배우고 싶은 것, 관심 있는 것이 무엇인지 알 수 없었습니다. 스파르타식 학원에 지쳐서 잠시 쉴 곳을 찾고 싶어서 학원을 빠졌던 것이지 공부를 모두 포기하고 싶은 것은 아니었습니다. 영호 어머니는 학원에 하루 빠진 것을 걱정하다가 아들이 원하는 대학에 못 가는 결과를 상상했습니다. 한 번 빠졌다고 영호의 미래가 다 끝났다고 생각하는 파국적인 사고를 멈춰야 합니다.

상담에서 영호가 원하는 것이 무엇인지 살펴보았습니다. 영호는 학습에 대해서 관심은 있지만 스파르타식으로 가르치는 학원과는 성향이 맞지 않았습니다. 영호는 수학 과목 자체에 대해 싫증 난 것은 아니어서 다른 학원을 찾아보기로 했고, 무엇보다 영호 어머니는 아들에게만 기대를 거는 것에서 벗어나기로 했습니다.

엄마가 원하는 대로 살아가며 선택의 기회를 박탈당한 아들은 무기력한 느낌을 받습니다. 중학교까지는 겨우 버티다가 고등학교 1학년이 되면 더 이상 공부를 못 하겠다면서 포기해버리기는 경우가 생깁니다.

정규교육 과정은 12년이므로 학습 과정은 100미터 달리기가 아니라 마라톤으로 봐야 합니다. 단기간에 좋은 점수를 얻으려고 엄마가 지나치게 욕심을 부리다가 아이가 탈진해서 가지고 있는 능력마저 발휘하지 못할 수도 있습니다.

엄마가 아들을 대하는 방식 살피기

학습과 관련해서 자주 거짓말한다고 아들을 몰아붙이기 전에 아들을 대하는 방식이 어떠한지 아는 것이 필요합니다. 아울러 아들이 엄마와 말하다가 눈물을 터트리면서 제대로 말을 못 한다면 엄마가 아들에게 자신의 이야기만 강요하거나 윽박지르는 것은 아닌지 잘 살펴봐야 합니다.

또한 거짓말한다고 아들을 밀어붙이기 전에 엄마의 기대가 높거나 정해진 틀이 견고한 것은 아닌지도 살펴봐야 합니다. 아이는 실수하고 넘어질 수 있고, 부모와 의견이 다를 수도 있습니다.

이솝우화 〈해님과 바람〉에서 나그네의 옷을 벗기기 위해서 내기했을 때, 따뜻한 햇살을 가진 해님이 이겼습니다. 내면의 따뜻함이 무거운 갑옷을 벗겨냅니다. 아들에게 소리치고 야단칠수록 아들은 더욱 거칠어지고 엇나간다는 것을 기억하는 것이 도움이 됩니다.

사춘기 아들의 부모가 된다는 것은 아들의 독립성을 인정해주는 것입니다. 부모의 생각이 옳다고 주장하기 전에 다른 유연한 방식의 대안이 있는지 살펴보는 것이 필요합니다. 융통성 있는 해결 방식을 찾아야 합니다.

스스로의 가치를 발견하며
의미 찾기

남자아이들은 학원이나 학교에서 자주 혼나서 화가 난다고 합니다. 선생님이 여자아이들에게는 뭐라 하지 않으면서 남자아이들만 차별한다는 불만을 갖기도 합니다. 또한 학교 시스템에 순종적이지 못한 아이의 경우 점점 주눅 들게 됩니다.

남자아이는 어린 시절 히어로가 되고 싶었지만 학교에 가면 쓸모없는 사람이 되는 것 같습니다. 자신이 잉여 인간 같다는 이야기를 하는 아이가 늘어갑니다.

남자아이가 일상에서 영웅이 될 수 있는 모험은 게임입니다. 혼자서 몬스터를 잡기도 하고 온라인상에서 친구 또는 모르는 누군가와 협동해서 적들과 싸우며 힘을 기릅니다. 또는 아이템을 획득하여 점수를 얻고 레벨을 높입니다.

아이들에게는 세상에서 필요한 일을 하고 삶의 목적성을 발견하는 일이 필요합니다. 농구, 축구 등의 놀이를 하며 공동체 활동을 배우고 몸으로 할 수 있는 활동을 늘려가는 게 좋습니다. 종교가 있다면 그 단체의 또래 모임을 통해 종교 의례를 배우면 공동체에서 삶의 의미를 찾는 데 도움이 되기도 합니다.

다른 사람을 위해 자원봉사 활동을 하는 것 또한 도움이 됩니다. 언젠가 캄보디아에서 의료봉사 활동을 한 적이 있었습니다. 그 활동에 학생들도 참여했습니다. 초등학생, 중학생 들이 의료봉사에서 할 수 있는 일은 의료 시술을 기다리는 사람들을 위해 노래 부르고 작은 악기를 연주하며 어린이들과 노는 일이었습니다. 대단한 일은 아니었지만 아이들은 자신만 위하는 삶이 아닌 다른 이들과 함께하는 삶을 알게 되었습니다. 지인의 자녀도 해외 봉사를 다녀오고 타인을 위한 삶에 대해서 꿈을 갖기 시작했다고 합니다. 봉사활동을 통해 공동체에 대한 마음을 갖게 된 것입니다.

타인과 함께하는 삶을 배우는 시기

가족과 관련된 일을 아들이 해볼 수 있게 기회를 주는 것도 도움이 됩니다. 아이에게 여유 있는 삶을 물려준다는 이유로 집안일을 맡기지 않는 경우가 많습니다. 어린 시절부터 부모와 체험하는 일을 늘려가는 것이 필요합니다. 설거지, 신발 정리, 분리수거 등 가족과 함께 일하는 경험도 필요합니다. 집안일은 엄마의 일이 아니라 가족의 일이며 아들도 가족 구성원으로서의 역할을 할 수 있는 것입니다. 어른이 되면 경험할 것들이니 하지 않아도 된다고 생각한다면 자신만 아는 아이가 될 수도 있습니다.

아이가 힘들까 봐 집안일을 다했는데 엄마가 아플 때도 집안일을 도와주지 않는다고 서운함을 느끼는 엄마가 있습니다. 힘들어하는 모습을 보이면 아이가 자신을 도와줄 거라고 믿었는데 집안일은 원래 엄마가 해야 하는 일이 아니냐고 했답니다. 그렇게 되면 아이는 집안일은 엄마의 일, 공부는 나의 일이라고 생각하며 부모에 대한 고마움을 느끼지 못합니다.

어려운 이들을 위해 매달 정기적으로 기부하는 것도 도움되는 것 중 하나입니다. 용돈을 모아서 누군가에게 도움이 되는 경험을 통해 나만을 위한 삶이 아니라 타인과 함께하는 삶을 만들어나가는 것입니다. 일부 부유한 청년 중에는 '내가 힘들게 번 돈인데 세금을 왜 이렇게 많이 내야 하는지 모르겠다'는 이도 있습니다. 그런 사람들은 타인에게 자신의 소유를 나누고 함께하는 삶에 대해서 반감을 가집니다.

아들이 타인을 위해 일하면서 자신의 가치를 찾는 것은 중요한 의미가 있습니다. 또한 타인을 위해서 시간을 내고, 봉사활동을 주기적으로 하는 부모 역시 모두와 함께하는 삶을 살아갈 수 있을 것입니다.

부모가 알아야 할 A.C.T. 대화법

부모는 대개 아이와 어떻게 대화해야 할지 모르겠다고 많이 이야기합니다. 특히 아이와 갈등이 생길 때 어떤 식으로 풀어가야 할지 모른다는 경우가 많습니다. 제한 설정에서 부모가 단계를 밟아나갈 때의 A.C.T. 대화법(Acknowledge, Communicate, Target)을 소개합니다.

A: 아이의 감정, 바람, 원망을 인정하라.

C: 제한을 전달하라.

T: 수용 가능한 대안을 목표로 제시하라.

아이가 화가 나서 가방으로 동생을 친 경우를 예로 들어봅시다.

A: "네가 화가 났구나."

C: "그런데 가방으로 동생을 치는 것은 안 된다."

T: "동생한테 왜 화가 났는지 말하렴."

4장

아들을 여유롭게 키우는
엄마 되기

엄마는 엄마로 충분합니다.
아이에게는 잘 자라기를 바라는 마음으로
실수해도 느긋하게 기다리고 지켜봐주는 것이 필요하고,
엄마 스스로에게는 지금 잘하고 있다고
말해주는 것이 중요합니다.

스마트폰에 중독된
아이 때문에 힘들어요

스마트폰 때문에 실랑이를 벌이는 부모를 자주 만납니다. 엄마가 스마트폰을 못 쓰게 막아놓아도 아이들은 쉽게 풀어버립니다. 또 어떤 게임은 출석하면 아이템 보상을 받을 수 있어서 매일 하기도 합니다.

뒤늦게 스마트폰을 구매했습니다. 오랫동안 피처폰을 사용했던 이유는 주변 사람들이 스마트폰을 구매함과 동시에 좀비처럼 변해버렸기 때문입니다. 모임에 가도 옆에 있는 사람과 함께 있는 건지, 스마트폰을 보러 온 것인지 알 수 없었습니다. 어느 날 피처폰이 고장 나서 스마트폰으로 바꾸었습니다. 스마트폰은 놀라운 신세계였습니다. 좋아하는 강의도 음악도 요리도 자유롭게 보고 들을 수 있게 되었습니다. 어느 순간 책을 멀리하게 되었고 이젠 스마트폰이 없으면 허전할 정도가 돼버렸습니다. 어른인 저도 이렇게 빠져들었는데 아이들에게는 오죽할까 싶습니다.

아이들이 빠져드는 중독물은 변화하고 있습니다. 1980년대 아이들은 본드, 부탄가스 흡입 등이 문제가 되었지만, 현재는 컴퓨터와 스마트폰 중독이 만연해 있습니다. 스마트폰은 터치만 하면 바로 원하는 세계로 이끌어줍니다.

아이들에게 게임 같은 강렬한 영상은 뇌에 자극을 줍니다. 그래서 주의력결핍장애나 틱장애 아동들에게는 텔레비전을 시청하는 시간을 적게 보도록 하거나, 아예 보지 않도록 권유하는 편입니다. 대기실에서 아이들이 부모를 기다릴 때 가능한 한 스마트폰을 쓰지 않도록 합니다. 대기실에는 책도 있고, 그림을 그리는 도구도 있습니다. 스마트폰에 기대 살아가느라 혼자 있는 시간을 갖지 못하는 아이가 되는 것을 원치 않기 때문입니다.

스마트폰을 없앨 수는 없습니다. 산업혁명 시대에 기계를 파괴하는 러다이트운동을 벌였던 것과 마찬가지입니다. 문명을 역행할 수는 없고 기계는 필요할 때 유용하게 사용하면 됩니다.

아이들이 성취감을 게임을 통해서만 얻게 된다면 일상의 삶에서는 흥미를 잃게 됩니다. 학교에서는 선생님께 야단만 맞고, 집안에서도 혼나기만 하는 삶이라면, 아이들은 지루하고 재미없는 현실을 피하려고 스마트폰에 더욱 빠져듭니다.

저학년이라면 상벌 제도를 이용해 중독에서 벗어나는 게 좋습니다. 부모와 상의를 거쳐 올바른 일을 했을 때 스티커를 붙이고 상으로 아이와 함께하는 특별한 선물을 주는 것도 괜찮습니다. 고학년이면 아이의 내재적 동기를 일깨워줘야 합니다. 또한 통제 능력이 없는 아이에게 오랜 시간 스마트폰을 들게 하는 것은 피해야 합니다. 아이와 다툼이 있더라도 가이드라인을 주는 부모에게 아이는 편안함과 안정감을 느끼기 때문입니다.

스마트폰에 빠진 아이의 부모도 영상물에 빠져서 벗어나지 못하는 경우가 있습니다. 식사할 때도 스마트폰을 보고 있거나 자녀가 옆에 있어도 스마트폰에만 몰두하기도 합니다. 자녀의 스마트폰 시간을 체크하는 것에 앞서 부모의 스마트폰 시간도 같이 염두에 두는 것이 필요합니다. 부모가 스마트폰 사용을 조절할 수 있어야 자녀도 조절 능력을 배웁니다.

산만한 아들, ADHD인가요?

"학부모들이 오히려 화를 내요. 우리 애를 잘못 본 거라고. 산만하고 부주의하다는 말을 믿을 수 없다고 한다니까요. 항의하는 부모들에게 뭐라고 해야 할지 답답해요."

어느 초등교사 직무 연수에서 주의력결핍장애에 대해 강의했을 때 선생님들로부터 들었던 이야기입니다. 선생님들은 수업 시간에 부산하고 산만한 아이의 부모에게 설명을 해도 이해하지 못하니 어떻게 해야 할지 모르겠다고 했습니다. 학부모 입장에서는 내 아이가 문제가 있다고 하니, 가슴이 덜컹 내려앉았다고 합니다.

자녀와 관련해서 부모는 현실을 객관적으로 받아들이지 못할 수 있습니다. 병원에서 정신지체장애, 발달장애로 진단이 나왔을 때도 부모는 아이가 발달이 늦어서 그런 것이라며 진단을 부인하는 경우도 많이 봐왔습니다.

담임선생님이 자녀에 대해 주의력결핍장애인 것 같다고 조언할 때 이유가 분명히 있습니다. 주의력결핍장애 아동들은 생활 전반에 지속적인 부주의, 과잉행동, 충동성의 증상을 보입니다.

ADHD 아동의 원인을 생물학적인 요인에 둔 중추신경계에 기반을 둔 약물치료를 하기도 합니다. ADHD 발생 원인을 생물학적 요인과 심리사회적요인, 환경적 요인에서 살펴보면, ADHD의 직접적인 원인이 아니더라도 부모의 양육방식이 불안, 우울 등의 2차적인 문제에 영향을 줄 수 있다고 합니다. 아울러 ADHD 아동 중 25%는 불안장애, 30~40%는 우울증, 40~70%는 품행장애나 적대적 반항장애와 같은 행동장애를 동반한다고 합니다.

주의력결핍장애 아동은 끊임없이 움직이고 순서를 기다리지 못해 주의 집중에 어려움을 보입니다. 유치원 때부터 또래 아이에 비해서 산만한 경우도 있는데 대개는 초등학교에 입학하면서부터 산만하거나 부주의한 행동이 두드러집니다. 담임선생님들은 친구들과 떠드느라 수업 분위기를 엉망으로 만드는 아이 때문에 힘들다고 하소연합니다. 산만한 아이들은 선생님으로부터 지적을 자주 받게 되고 친구들로부터 거부당하게 되면서 좌절감을 경험하며 다른 친구들을 공격적으로 대하기도 합니다.

ADHD 아동은 일반 아동에 비해 불안감이 높을 뿐 아니라, 부모의 도움을 더 필요로 하기 때문에 어머니가 독립적인 시간을 갖지 못해 스트레스받기 쉽고 양육에 대해 자주 좌절을 경험하기도 합니다.

성적도 좋은데 ADHD라뇨?

준이는 학교 선생님에게 권유받아 상담실에 왔습니다. 준이 어머니는 학교 담임으로부터 준이가 친구 관계도 힘들고 산만한 행동으로 수업에 방해가 된다는 말을 들었다고 합니다. 준이 어머니는 담임선생님과 면담 이후, 집에 와서 펑펑 울었다면서 아이를 제대로 돌보지 못한 것 같아 죄책감이 느껴진다고 했습니다. 그리고 아이가 검사를 받기는 하지만 주의력결핍장애가 아니기를 바란다는 바람도 전했습니다.

준이에게 종합심리검사를 실시했습니다. 상담실에 와서 말을 제대로 듣지 않고 불쑥 다른 이야기를 하고 몸을 꼼지락거렸습니다. 딴생각을 하다가 검사 지시 사항도 제대로 듣지 못해 여러 번 다시 물었습니다. 목소리도 지나치게 커서 마치 볼륨이 고장 난 라디오 같았습니다. 검사 중에 대답하다가 갑자기 끝말잇기를 하고 혼자 흥얼거리거나 막바지에는 책상 아래로 기어 들어가기까지 했습니다.

종합심리검사 결과는 준이 어머니가 원하지 않았던 주의력결핍 장애였습니다. ADHD의 경우 보통 학업성취도가 저하되어 있는 경우가 많은데 준이는 우수한 성적을 받았습니다.

아이의 마음은 그림에 잘 표현되어 있었습니다. 운동화에 바퀴를 6개나 달고 쌩쌩 달리며 뒤에 바람 표시까지 그린 그림이었습니다. 준이의 몸과 마음은 무척이나 바빴습니다. 면담에서 준이가 수학 과외, 원어민 영어학원, 피아노, 바이올린 레슨 등을 따라가기에 힘겨워했다는 것도 알게 되었습니다.

준이 어머니는 검사 결과를 힘겹게 받아들였습니다. 준이 어머니도 특별한 목적 없이 바쁘게 살고 있었습니다. 자기 계발 강의 듣기, 요가 배우기, 일본어학원 등을 다니느라 아이와 함께하는 시간이 부족했습니다. 준이 어머니는 물건을 소비하면서 만족감을 느꼈고, 가난했던 어린 시절 허기진 내면의 아이를 채우느라 바쁘게 살았습니다. 준이 어머니에게는 물건을 구매하느라 바쁘게 사는 것에서 벗어난 단순한 삶이 필요했습니다. 그래서 준이와 함께하는 시간을 늘려가도록 권했습니다.

아이의 갈등이나 해결되지 않은 정서를 표현하는 놀이치료를 시작했습니다. 준이와 치료를 진행하면서 알게 된 것은 불쾌하고 염려스러운 생각이 많아지면 부산하고 산만하게 행동한다는 것이었습니다. 준이는 불안감이 높았는데 자주 꿈에 귀신이 나와서 자신을 힘들게 한다고 했습니다. 또한 준이는 사람을 믿는 것이 어렵다고 했습니다. 어린 시절 바쁜 엄마로 인해서 준이도 바빴고 수많은 학원을 다녀야 했습니다. 그저 바쁘기만 한 삶이었습니다.

하지만 준이에게는 호기심과 열정이라는 장점이 있었습니다. 치료 과정 중에는 내담자의 단점뿐 아니라 장점을 찾는 것도 중요합니다. 엄마를 닮아 성품이 따뜻한 준이는 솔직하고 표현에도 어려움이 없었습니다. 준이는 미술과 음악에 뛰어난 소질이 있었습니다. 준이는 소금으로 산도 만들고, 촛농으로 신전도 만들고 수수깡과 포일, 찰흙으로 마을을 만들기도 했습니다.

ADHD 아동을 돕는 법

ADHD 아이들에게는 준이처럼 놀라운 열정이 숨겨져 있기도 합니다. ADHD 진단이 평생 가는 것은 아닙니다. 인지적·정서적 자원이 풍부한 아이는 자기 표현력이 풍부합니다. 치료가 진행되자 준이의 산만한 행동이 줄었습니다. 친구들이 말할 때마다 불쑥 끼어들고 방해하던 행동이 줄면서 친구들로부터 놀림받는 일이 줄어들다 보니 관계도 전보다 좋아졌습니다.

1년의 시간이 지나 준이는 친한 친구들이 생겼고 상담실에 오기보다는 친구들과 함께 놀고 싶다고 했습니다. 준이의 마음은 놀이치료와 함께 훌쩍 자랐습니다. 엄마는 상담을 통해서 가족이 함께 성장한 것 같다고 했습니다.

　대개의 엄마는 아이의 주의 산만한 행동에 대해서 남자아이는 원래 그렇다면서 넘어가기도 합니다. 조심스럽게 주변에서 아동의 산만한 행동에 대해 여러 번 이야기한다면 전문가에게 도움을 요청해 보는 것이 좋습니다.

　엄마가 아이를 도와주기 위해서는 다음과 같은 행동이 필요합니다.

　첫째, 아이가 다른 아이들처럼 조용히 자리에 앉아 있어야 한다는 기대는 내려놓는 것이 좋습니다. 아이의 집중 시간이 짧다는 것을 받아들이고 아이가 할 수 없는 것에 대한 기대는 내려놓아야합니다. 무작정 30분은 책상에 앉아 있어야 한다며 아이를 다그치는 것은 도움이 되지 않습니다.

　둘째, 학교 준비물은 저녁에 반드시 챙기도록 하고 아침에 엄마가 한 번 더 확인하는 것이 필요합니다. 부주의한 면이 많아 준비물 챙기는 것을 잊어버리기 때문입니다.

　셋째, 잊지 말아야 할 것들을 아이 방문, 냉장고 등에 포스트잇에 써서 붙여놓는 것도 도움이 됩니다.

넷째, 주의력결핍장애 아이에게는 순서를 정해주는 것이 도움이 됩니다. 1번, 2번, 3번 이렇게 정해서 알려줍니다. 산만한 아이는 조직화하는 것이 어렵습니다. 방을 어지르는 아이에게는 청소할 시간을 정해주는 것도 도움이 됩니다. 어른은 작업 순서를 익히지 않아도 쉽지만 아이에게는 어려울 수도 있습니다.

예를 들어 장난감을 치울 때는 이렇게 해볼 수 있습니다. 1번 '모든 장난감을 모은다' 2번 '장난감을 통에 넣는다' 3번 '장난감 통을 자리에 갖다 둔다' 이렇게 순서를 미리 알려주고 아들이 순서대로 행동하도록 합니다. 아이가 자기 준비물을 챙기지 못한다고 걱정하거나 정리가 어렵다고 따라다니는 것은 도움이 되지 않습니다. 준비물을 자주 잊어버리는 아이들은 엄마에게 전화로 준비물을 가져오라 하는 경우도 있는데 엄마도 도와주다가 결국 지쳐서 화를 내게 됩니다.

다섯째, 생각말하기 훈련이 도움됩니다. 잠깐 멈추고, 생각하고, 다음에 해야 할 것이 무엇인지 생각하는 훈련입니다.

○ 하던 일을 멈추고 내가 해결해야 할 문제가 무엇인지 문제를 정의내립니다.

→ 문제가 무엇인지 파악하기

○ 문제를 어떻게 해결할지 탐색합니다.

→ 해결책을 선택하기
○ 계획대로 하고 있는지 살펴보며 점검합니다.
  → 잘하고 있는지 검토하기
○ 이후 자기 평가를 합니다.
  → 예시) "잘하고 있군" "다음에 이렇게 하는 게 더 좋은 거 같다"

가끔은 주의력결핍장애 증상을 가진 아이가 많아지는 것이, 우리가 사는 세계가 빠르고 바빠지는 것과도 관련 있다고 생각되기도 합니다. 아침부터 일찍 일어나 스마트폰으로 이것저것 볼 것이 너무나 많습니다. 새로운 정보가 나오고 사라지니 빨리 배우고 익혀야 합니다. 조금이라도 속도가 늦어지면 뒤쳐질 것 같아 속도를 내어 더욱 바쁘게 움직여야 합니다. 방향을 잃어버린 채 말입니다. 이런 세상에서 찰스 다윈의 《종의 기원》에서 설명한 것처럼 변화에 가장 적응하는 생물이 살아남는 적자생존의 법칙을 따르기 위해 나온 아이들일지도 모르겠습니다.

《이상한 나라의 앨리스》에서 앨리스가 토끼를 따라 무작정 굴로 들어간 것처럼 왜 가는지, 어디로 가는지도 모르고 누군가를 따라서 달려가는 것은 아닌가 생각해봅니다. 자연에 오두막을 짓고 느리게 살 수는 없겠지만 내 분주한 삶에 뺄셈이 필요하다는 것을 아이들이 알려주고 있는지도 모르겠습니다.

아들이 틱장애인 것 같아요

초등학교 1학년인 민수가 눈과 코를 찡긋거리기 시작하더니 어느 순간 얼굴을 빠르게 흔들기 시작했습니다. 보호자는 며칠 그러다 말 것이라고 생각했으나 아이의 증상은 점점 심해지고 어깨 흔들기도 반복하기 시작했습니다.

그제야 보호자는 아이가 걱정되어 치료 기관에 찾아왔습니다. 틱 증상은 부모의 불안을 증가시킬 수밖에 없습니다. 아이에게 문제가 생긴 것은 아닌지 걱정도 되고 아이를 잘못 키우는 것은 아닌지 염려가 되기도 합니다.

민수에게 종합심리평가를 진행했습니다. 종합심리평가는 놀이 치료나 청소년 상담을 위해서 꼭 필요합니다. 평가를 통해서 아동의 인지능력을 비롯해 정서 등을 종합적으로 살펴볼 수 있기 때문입니다. 평가 결과, 민수는 주위 환경에 대한 불안감이 높고 사소한 것에도 예민한 상태였습니다. 그러나 감정을 적절히 표출하지 못하고 억압하고 있어 틱 증상으로 나타났습니다. 부모도 검사를 함께 진행했는데 그 결과, 어머니의 우울과 불안 지수 또한 높게 나왔습니다.

틱장애는 운동 틱이나 음성 틱으로 나타납니다. 운동 틱은 눈을 깜박이거나, 어깨를 돌리거나, 입이나 손을 갑자기 움직이는 행동을 말합니다. 음성 틱은 컥컥 하거나 큭큭 하는 등의 이상한 소리를 내는 행동을 말합니다. 이런 행동들은 주변 사람들의 시선을 모으게 됩니다. 아이의 친구들은 이상하다 생각하고 틱 증상이 있는 아이를 놀리기도 합니다. 아이는 어쩔 수 없이 그런 행동을 하는 것인데 주변 사람들의 관심으로 위축이 됩니다.

틱은 왜 일어나는 건가요?

틱 증상의 원인에 대해서 살펴보겠습니다.

틱은 신체적 요인, 심리적 요인과 함께 복합적인 원인에 의해 유발되는 것으로 알려져 있습니다. 뇌의 기저핵 등의 문제로 생길 수도 있습니다. 가벼운 틱 증상일 때는 저절로 없어지기도 하지만 지속적으로 진행된다면 전문 기관에 의뢰하는 것이 도움이 됩니다. 상담자로서 아이에게 틱 증상이 발견되는 경우 증상을 없애는 것에 초점을 맞추지 않았습니다.

몇 번의 상담만으로 틱 증상이 없어졌다가도 스트레스를 받게 되면 다시 나타나기도 합니다. 이럴 때 아이가 간단한 운동이나 스트레칭을 하면 긴장이 이완되는 효과가 있어 도움이 됩니다.

가정에서의 불안이 주요인이라면 부모의 행동을 살펴봐야 합니다. 또한 부부의 갈등이 숨겨 있는 경우도 있고, 부모가 청소를 지나치게 깔끔하게 하거나 청결에 강박적인 증상이 있는지 살펴보는 것도 도움이 됩니다. 보호자가 가지고 있는 미해결된 감정이 아이에게 그대로 옮겨 가는 경우가 있습니다.

상담실에서는 놀이치료와 부모 교육이 함께 진행됩니다. 부모가 통제적인 방식으로 양육하면 아이는 자율성을 상실하게 됩니다. 그렇기 때문에 부모가 자신의 불안감을 있는 그대로 살피고 아동에 대한 양육 방식을 바꿔가면 틱 증상은 서서히 사라지기도 합니다.

무엇보다 부모가 할 수 있는 일은 엄마와 아이의 관계가 편안하고 안정된 관계가 되도록 만들어가는 것입니다. 상담했던 어떤 부모는 이렇게 말했습니다.

"틱 증상 때문에 큰일이 닥친 것 같았는데 오히려 아이의 증상 때문에 가족이 변화할 수 있었던 것 같아요."

보호자가 그저 자녀 개인의 문제로 보지 않고 정직한 분위기에서 부부 관계와 자녀 관계를 바라볼 수 있었던 것이 변화의 요인 중 하나였습니다. 부모가 내면을 잘 살펴볼수록 자녀를 잘 인도할 수 있습니다. 그러나 2주 이상 반복되는 틱 증상이 있다면 꼭 전문 치료 기관을 방문해주세요.

치료가 가능한가요?

틱 증상을 가진 아이의 부모가 치료를 위해서 어떻게 하면 좋을지 제게 질문했습니다. 가장 좋은 것만 주고 싶고 아이에게 가장 좋은 환경을 주고 싶은 것이 부모의 마음인데, 죄책감이 든다면서요. 틱 장애 아이가 있는 부모를 위한 대처 방식은 다음과 같습니다.

첫째, 아이의 행동에 무관심할 것을 권유합니다. 부모의 입장에서 아이의 행동이 신경 쓰이고 걱정되고 마음도 힘들다 보니 아이에게 야단치기 쉽습니다. 특히 아버지는 아이의 행동을 빨리 고치고 싶은 마음에 혼내는 분을 많이 봤습니다.

하지만 아이도 의식적으로 행동하는 것은 아닙니다. 틱 증상은 억압된 감정을 표현하는 하나의 방법일 수 있습니다. 따라서 아동의 틱 증상에 대해서 지적하기보다는 무시하는 방법을 권합니다.

아동이 의식적으로 하는 행동이 아니라 무의식적으로 하는 행동이기 때문에 야단치면 불안은 더욱 가중될 수 있습니다. 가중된 불안을 적절히 표현하지 못하다 보니 무의식적으로 반복적인 운동이나 음성 틱, 복합 틱 증상이 나타날 수 있습니다.

둘째, 아이랑 스킨십을 늘려보세요. 아빠와 아이가 함께하는 몸놀이도 적극 추천합니다. 스킨십은 사랑의 호르몬인 옥시토신의 분비를 유발합니다. 포유류는 스킨십을 통해서 스트레스를 완화한다는 연구 결과도 있습니다.

한 연구에서 갓 태어난 엄마 원숭이와 아기 원숭이를 분리시켰습니다. 헝겊 원숭이와 젖병을 든 철사 원숭이 두 개를 아기 원숭이와 함께 우리에 넣었습니다. 아기 원숭이는 어느 쪽으로 갔을까요? 아기 원숭이는 철사 원숭이에게 가서 우유를 먹은 후, 바로 헝겊 원숭이에게 가버렸습니다. 원숭이는 우유도 필요했지만 따뜻하고 포근한 대상이 필요했던 것입니다. 이런 결과를 보더라도 아이를 꼭 안아주는 것이 스트레스 완화에 도움이 됩니다.

셋째, 아이를 위해 함께 신나게 놀아주세요. 이 방법은 틱장애가 시작된 지 2주가 지나지 않은 초기 아동들을 대상으로 합니다. 아이의 첫 학기나 입학 시기에 불안이 높아져서 그럴 수 있습니다. 틱장애 초기의 경우 이완훈련을 합니다. 아이의 굳어진 몸과 마음을 푸는 것입니다. 아이들에게는 낯선 환경이 무척 힘들 것입니다. 그러므로 긴장을 풀 수 있는 놀이를 추천합니다. 찰흙이나 아이클레이 또는 밀가루로 노는 것도 좋습니다. 함께 신나게 놀다 보면 아이의 표정이 밝아진 것을 볼 수 있을 것입니다.

아들과의 스킨십이 어색해요

아들이 안아달라거나 스킨십해달라고 하면 징그럽다는 엄마가 있습니다. 엄마 눈에는 아들이 다 자란 것 같은데 매달리는 것 같아서 점점 귀찮아진다고 합니다. 아들이 엄마의 사랑을 확인받고 싶은 마음에 엄마에게 계속 매달리는 경우가 있습니다. 충분히 정서적인 애착이 형성된다면 엄마에게 스킨십을 요구하는 일은 줄어듭니다.

애착과 관련된 실험을 살펴보겠습니다. 독일의 프리드리히 2세는 아기가 태어난 후 자연적으로 어떤 말을 하는지 알고 싶었습니다. 그래서 아이에게 젖을 주고, 기저귀를 갈아주는 등 쾌적한 환경을 제공했지만 그 누구도 아이에게 말을 걸거나 안아주는 것은 금지했습니다. 그러나 왕은 아기가 하는 말을 들을 수 없었습니다. 아기가 죽어버렸기 때문입니다. 아기에게는 자신을 만져주고 안아주는 신체적 접촉이 필요했던 것입니다.

즉, 물질적 환경도 중요하지만 신체적 접촉은 무엇보다 인간의 성장에 필요합니다.

어머니와 아기가 분리되지 않는 단계를 공생애 단계라고 합니다. 아기는 자아가 형성되어 있지 않기 때문에 엄마의 웃음과 미소 등을 통해서 자신이 누구인지 알아갑니다. 동물은 태어나자마자 보행이 가능하나, 인간은 1년 가까이 누워 보살핌을 받습니다. 아기는 자신의 힘이 아닌 부모의 도움으로만 살아갈 수 있습니다.

아들이 엄마의 스킨십을 원하는 시기는 금방 지나갈 것입니다. 나중에는 훌쩍 자라서 자기의 길을 갈 것이기 때문입니다. 언제 품에서 떠날지 모를 아들의 손을 잡아보는 것은 어떨까요?

놀이할 줄 아는 엄마가
창의적인 아이를 만든다

"무지개 보이죠! 여기 이 무지개요!"

정말 무지개였습니다. 빨주노초파남보 일곱 빛깔이 모두 보이지는 않았지만, 얼핏 보였습니다. 형광등 근처에서 스프레이로 물 뿌리는 아이를 바라보면서 따라 웃었습니다. 한때 나도 이런 놀이를 했던 것 같습니다. 아무것도 하기 싫다며 누워 있던 아이의 표정이 밝아졌습니다.

"선생님, 나랑 얘기 좀 되는 거 같은데요. 우리 얘기 좀 해요!"라고 아이가 말했을 때 "뭐라고?" 하면서 깔깔거리고 웃었습니다. 아이가 보기에 나를 얘기 좀 되는 사람, 같이 놀 줄 아는 사람이라고 생각한 것입니다.

인간의 성장에 놀이는 필수적이다

요한 하위징아는 책 《호모 루덴스》(연암서가, 2018)에서 놀이하는 인간 '호모 루덴스'를 이야기합니다. 놀이에는 경쟁과 진지함이 결합되어 있으며 아울러 놀이는 인간의 무의식적이며 원초적인 요소가 들어 있다고 합니다. 현대인은 인간 본연의 모습인 호모 루덴스의 자유의지를 그리워한다고 했습니다.

이 책에 따르면 놀이의 네 가지 성격을 자유, 상상력, 무관심성, 긴장으로 설명합니다. 자유롭게 자발적으로 놀면서, 일시적 활동에서 상상력을 펼치며, 목적의식 없이 바라보며, 경쟁이나 실험을 통해서 긴장감을 느끼는 것입니다.

부모들은 보통 놀이는 불필요하고 시간 낭비라고들 이야기합니다. 아울러 놀이가 과연 아이를 변화시킬 수 있을지 의심하는 이도 있습니다. 하지만 아이의 놀이를 하찮은 것으로 생각하지 않으면 좋겠습니다. 놀이는 아이의 성장에 필요한 것입니다. 놀이치료를 하면서 학습 능력과 주의력이 상승하는 경우를 여러 번 봤습니다.

주중이든 주말이든, 또 무엇으로 어떤 놀이를 하든 부모가 아이와 함께하는 것이 도움이 됩니다. 어린 나이일 때는 책을 바닥에 놓고 징검다리처럼 건너기, 밀가루에 물감을 풀고 마음대로 만들어보기, 물 풍선 만들기, 칼싸움, 클레이 놀이, 자연에 있는 잎이나 식물을 모아서 작품 만들기 등 어떤 놀이도 좋습니다. 놀 줄 아는 부모가 많아져야 아이의 삶도 풍요로워집니다.

놀이치료는 무엇인가요?

상담에서 이뤄지는 아이 중심 놀이치료는 다음과 같습니다. 아이는 언어로 자신의 감정을 표현하는 것이 어렵기 때문에 놀이를 통해서 자신의 감정을 표현할 수 있도록 돕습니다. 문제 증상이 아닌 아동에 초점을 맞춰 부정적인 감정을 자유롭게 표현하면서 내면의 갈등과 어려움을 표현하게 합니다. 이때 아이 중심 놀이치료의 과정은 무조건적인 지지와 공감을 통해 치료자에 대한 신뢰 관계를 맺도록 하여 안전감이 확대되도록 합니다. 또한 아이가 자신의 이야기를 말하며, 연속적인 이야기를 놀이로 표현하고 방향성을 가지게 합니다. 놀이치료는 아동의 내부에서 일어나는 자아 주도적인 변화로 인해서 의존성이 감소합니다. 또한 자신의 이야기를 표현하며 연속적인 이야기를 놀이로 표현하고 방향성을 가지게 합니다.

놀이는 아이를 성장시킵니다. 아이들은 가만히 앉아 있는 것이 아니라 뛰어다니고 만지고 보고 시각적으로 탐구하는 것을 즐깁니다. 엄마가 아이와 놀 줄 모르고 많은 시간을 스마트폰만 붙잡고 있을 때가 있습니다. 아들과 저녁에 30분만이라도 산책을 가거나 몸을 움직이는 놀이를 하는 것만으로도 아이의 발달에 도움이 될 것입니다.

엄마의 좌절감이 늘어난다면
엄마의 시간을 갖자

아이가 마음이 힘들다고 하거나 실수하면, 아이를 제대로 돌보지 못하는 것 같아서 좌절하는 엄마들을 만났습니다.

양육법에는 정답이 없고 어떻게 해도 미진한 것 같아서 답답하기만 합니다. 아이의 마음을 잘 따라가고 싶어서 아이가 이것저것 해달라고 하는 대로 하다 보면 결국 한계에 이르게 되어 아이를 다그치게 됩니다. 엄마는 아이에게 화를 내고, 또 아이에게 잘못한 것 같아서 스스로를 자책합니다.

좋은 엄마가 되고 싶었는데, 결국 아이에게 도움이 되지 못하는 엄마가 되어버린 것 같아서 슬퍼집니다. 엄마는 내 아이가 어린 시절의 자신처럼 상처받고 자라지 않기를 바랍니다. 내 아이는 힘들지도 슬프지도 않았으면 좋겠고, 수업도 잘 들었으면 좋겠고, 집중력도 좋았으면 합니다.

완벽이라는 무게에서 벗어날 것

완벽한 엄마가 되고 싶어 하는 마음이 이상적인 아이의 상을 만들어 냅니다. 내가 원하는 모습으로 아이가 자랐으면 하지만 가끔은 실수할 수도 있음을, 아플 수도 있음을 인정하는 것이 중요합니다. 아이가 또래의 평균만 따라갔으면 좋겠다고 하는데 평범하다는 기준 또한 모호합니다.

지금은 아이들이 자라는 과정이며 언젠가는 독립하고 성장해나가는 것을 기억해야 합니다. 아이는 커가면서 부모로부터 분리·개별화되기를 원합니다. 엄마가 자신을 쫓아다니고 간섭하는 것을 좋아하지 않습니다.

엄마가 아들에 대한 책임감이 무거워 아이에게 자꾸 화를 내게 되는 악순환으로 돌아가는 경우가 많습니다. 화를 벌컥 내고 곧 자녀에게 미안하다고 하지만 또다시 분노를 반복합니다.

분노를 멈추기 위해서는 엄마 자신의 시간이 필요합니다. 그 시간과 여유가 없으면 아이를 야단치게 되고 결국 악순환이 반복됩니다.

결혼할 때는 양육의 책임을 깊이 있게 생각하지 않는 경향이 있습니다. 신혼 초의 달콤함이 사라지고 아이가 태어납니다. 남편은 가장의 책임감으로 일에 더 몰두하게 되고 회사 일이 바빠서 늦게 귀가하는 경우가 많습니다. 엄마는 양육을 오롯이 혼자 담당한다는 것에 대해서 억울함만 커져갑니다. 그래서인지 상담 시간에 보면 중년이 된 전업주부들은 결혼하지 않고 혼자 살고 싶다거나 직업을 갖고 싶어 하는 이가 많습니다.

무기력하고 우울해지는 엄마를 위한 수다

"언니, 베란다에서 아래를 내려다보는데 꽃들이 나를 부르는 것 같더라니까."

대학원 시절 함께 놀이치료사를 했던 대학원 후배의 얘기입니다. 후배는 남편의 직장을 따라 거주지를 옮겼습니다. 아이 둘을 낳자 치료사를 그만두고 전업주부가 되었습니다. 회사 연구원인 남편은 새벽이 돼서야 집에 왔고 혼자 육아를 하면서 점점 몸이 지쳐갔다고 합니다. 아이의 발달 과정, 육아에 대한 지식을 배웠다 해도 막상 아이를 양육하는 것은 달랐습니다. 아이를 유치원에 보내고 늦은 식사를 하고 아래층을 내려다보는데 딱 떨어지고 싶었다고 합니다.

그녀는 이러다가 큰일이 날 것 같아 친구를 만들어야겠다고 생각했습니다. 그래서 아파트 내 인터넷 카페에 '다섯 살 아래의 아동을 키우는 엄마와 친구가 되고 싶어요'라는 글을 올렸다고 합니다. 그때 몇 명의 엄마들을 모았고 이후 적은 인원으로나마 모임을 지속했다고 합니다. 아이들을 유치원에 보내고 여유 있는 시간에 남편 흉이나 시댁 흉도 보고 육아 정보도 나누면서 수다를 떨었다고 합니다. 그리고 육아에 대해 궁금한 사항이 생기면 친구가 된 이들에게 도움을 받기도 했다고 합니다. 시간이 지나 속 깊은 이야기까지 나누게 되었는데, 다른 엄마들도 육아로 힘들 때 베란다에서 뛰어내리고 싶은 생각을 한 적이 있다고 합니다.

많은 엄마들이 후배처럼 아이를 키우면서 자의 반 타의 반으로 일을 그만두고 전업주부가 됩니다. 육아 때문에 스트레스받기도 하고, 혼자라는 고립감을 경험하기도 합니다. 노동의 가치가 돈으로 환산되는 현실에서 전업주부로서의 프라이드를 갖기 힘들 때도 있습니다. 또 일을 오랫동안 하지 않다 보면 다시 직장으로 돌아가기 어려워서 재취업의 기회를 놓칠 수도 있습니다.

외로움을 느껴서 친한 친구와 만나고 싶지만 후배처럼 거리상의 이유로 만나지 못하는 경우가 있습니다. 이럴 때 동네 엄마들과의 수다 모임도 도움이 된다고 생각됩니다. 공동체를 만들고 유대감을 느낌으로써 고립감에서 벗어날 수 있기 때문입니다. 모임 안에서 엄마들의 연대감이 생성될 수 있습니다. 일상의 육아 이야기나 힘든 이야기를 함께 나눌 때 우울감과 외로움이 줄어들 수 있습니다.

엄마가 자기의 색을 잃지 않는 법

엄마로서 자기만의 색을 잃지 않은 김재용 작가의 《엄마의 주례사》(시루, 2014) 중 마음에 와닿았던 것을 나누고자 합니다.

첫째, 작가는 무엇보다 자기만의 공간인 책상을 가졌습니다. 방 안의 책상은 자기만의 시간을 보내는 곳이자 성장하는 기회라고 했습니다. 그녀는 시부모가 누워서 일어나지 못하는 상태에서 몇 년을 뒷바라지했다고 합니다. 작가의 인상은 소녀처럼 부드러워서 시어머니의 병시중을 몇 년씩 했다는 것이 믿기지 않을 정도였습니다.

시댁과의 갈등을 겪다 보면 내면의 분노가 쌓여서 얼굴이 거칠어지기 마련입니다. 하지만 작가의 얼굴에는 한이 없었습니다. 작가도 시어머니를 모시면서 시어머니에 대한 미움이 커져갔습니다. 하지만 지인이 시어머니 욕을 하며 모습이 변해가는 것을 보면서 통찰이 왔다고 합니다. 입 밖으로 시부모의 흉을 보지 않겠다고 결심하고 시어머니가 내 짐이라면 받아들이겠다고 마음먹었습니다.

시어머니와의 갈등을 토로하지 않는 대신 남편에게 책상을 사달라고 했고 책을 읽고 글을 쓰면서 자신의 마음을 다듬어갔다고 합니다. 작가는 시부모와 살면서 희생자로서의 삶을 살지 않기로 결단했습니다.

엄마들 중 남편이 쫓아다녀서 어쩔 수 없이 결혼하고 결혼 생활이 행복할 줄 알았는데, 시부모 때문에 삶이 엉망이 되었다는 분들을 만났습니다. 가부장적 문화 때문에 여성의 삶에 어려움이 있는 것은 사실입니다. 말 못 할 고생을 하신 분 또한 많이 만났습니다. 그러나 누구를 탓하며 살아간다면 내 인생도 망가집니다.

미움은 미움대로 묻고 나는 나의 길을 가야 합니다. 한 많은 여자가 되는 순간 엄마의 삶은 엉망이 되기 때문입니다. 전업주부라면 아이들을 학교에 보내고 단 30분만이라도 내 시간을 가지면서 책을 읽거나 글을 쓰면서 자신과 만나는 시간을 가져보는 것도 도움이 됩니다. 워킹 맘이라면 집으로 돌아오는 길에 잠시 쉬어 가는 것도 필요합니다.

둘째, 작가는 필요한 사람들과의 만남만을 이어갔습니다. 만나서 힘이 되고 서로가 성장할 수 있는 관계가 아니라면 정리해가기로 했다고 합니다. 다른 사람을 험담하는 불필요한 만남들은 끊었습니다. 전업주부라면 아이들 등교 후 오전 시간에 여유가 생깁니다. 함께 만나는 모임이 서로에게 도움이 되고 지지가 된다면 지속하고, 아니면 새로운 배움의 모임에 참여하는 것도 도움이 될 것입니다.

셋째, 거절할 수 있는 힘을 가지게 되었습니다. 작가의 시어머니가 교수로 재직 중인 큰형님의 자녀들을 데려와서 돌보겠다고 했을 때 작가는 단호하게 거절했습니다. 조카들을 돌보러 시어머니가 가는 것은 가능하지만, 작가의 집에서 키우게 되면 서로에게 갈등이 생길 수 있다고 판단했다고 합니다. 작가가 받아들일 수 없는 것을 거절할 수 있는 힘이 있다는 것이 자존감이라고 말합니다. 기혼 여성들의 시월드 스트레스 중 하나가 시어머니의 제안을 거절하지 못하는 것입니다.

거절할 수 있는 힘은 중요합니다. 좋은 며느리가 되기 위해서 끊임없는 요구들을 받아들이다가 결국 시댁과 관계를 끊는 경우도 종종 보게 됩니다. 자신이 할 수 있는 것과 없는 것을 구별할 수 있는 능력을 키우는 것이 필요합니다. 자녀 양육에서도 마찬가지입니다. 엄마가 할 수 있는 것과 할 수 없는 것에 대해서 알려주는 것이 필요합니다. 아이를 쫓아다닌다고 모든 시간을 쓰다가 에너지가 떨어져서 결국 짜증 많은 엄마가 돼버리고 맙니다.

전업주부, 평범한 아줌마로 살아온 그녀는 자신의 삶의 짐을 받아들였으며 꿈인 작가도 되었습니다. 고된 시집살이에도 한스러운 얼굴로 변하지 않고 자기만의 스타일을 찾았습니다. 무엇보다 작가의 딸이 엄마처럼 살고 싶다고 했다니 엄마로서 충분한 삶이라 할 수 있을 것입니다. 희생적인 엄마에 대해 아이도 부담스러워합니다.

정서적인 짐을 지게 될 때 부모와 자녀의 관계는 채무 관계가 됩니다. 아이를 위한 시간을 보내는 것도 중요하지만 엄마가 자신의 성장을 위해 자기만의 공간과 시간을 가지는 것 또한 필요합니다. 엄마에게도 엄마가 아닌 자신이 될 수 있는 공간이 있다면 자녀에게 벗어나 성장할 수 있기 때문입니다.

좋은 엄마는, 완벽한 엄마가 아니고 완벽한 아이의 엄마도 아닙니다. 엄마는 엄마로 충분합니다. 아이에게는 잘 자라기를 바라는 마음으로 실수해도 느긋하게 기다리고 지켜봐주는 것이 필요하고, 엄마 스스로에게는 지금 잘하고 있다고 말해주는 것이 중요합니다.

어른이 되기 싫다는 청소년에게 보내는 편지 ● ● ●

비행사가 되기를 꿈꾼 소년이 있었어. 그는 어른이 되어 비행사가 되어 하늘을 날아다니게 되었대. 그런데 하늘에서 땅에 있는 소년, 소녀 들을 보게 되니 어린 시절이 그리워졌대.

시간이 지나고 나면 문득 과거가 아름다워질 때가 있어. 선생님이 중학생일 때 친구와 어른이 되면 하고 싶었던 것이 있었어. 스물이 되면 짜장면과 탕수육을 먹고 싶을 때 마음껏 먹어보자고 했어.

그리고 예쁜 어른이 되는 것이 소원이었어. 어린 시절 텔레비전에서 〈라붐〉이란 영화를 봤어. 소피 마르소는 화장을 하고 예쁜 핸드백과 미니스커트를 입고 멋진 남학생과 춤을 추었지. 그녀의 모습에 열광했어. 우린 스물이 되면 그녀처럼 변신하기를 꿈꾸었어. 자유로운 여자가 되고 싶었던 거야. 선생님 학교는 머리카락을 귀에 바짝 맞춰 잘라야 할 정도로 두발 규정이 엄격했던 학교였거든. 학교에서는 하지 말라는 것이 왜 그렇게 많은지 어른들의 잔소리가 무척이나 지겨웠어.

선생님은 너처럼 학원을 다니지 않았어. 도시에서 살았지만 봄이 되면 산으로 쑥을 캐러 가기도 하고, 일요일에는 학교에서 공부한다고 했지만 공부는 뒷전이었어. 양푼을 가지고 와서 밥을 비벼 먹느라 바쁘기도 했고 롤러스케이트를 타러 다니기도 했지. 만우절에 선생님들을 속여서 반을 바꾼다든가 하는 일은 얼마나 신나던지 말이야.

그래도 학창 시절 잠깐 주어지는 자유 말고, 어른이 되어 온전한 자유를 누리고 싶었어. 어른이 되면 먹는 것도 입는 것도 엄마나 선생님의 허락을 받지 않아도 되니까 말이야. 내가 선택하는 자유의 달콤한 맛을 누리고 싶었거든.

내가 어른이 되고 싶었던 것과 달리, 너는 상담 시간에 어른이 되고 싶지 않다고 했어. 너만 그런 게 아니긴 해. 점점 어른이 되고 싶지 않다는 아이들이 많아지더라. 공부하는 것이 지겹지만 어른이 되는 것은 더욱 싫다고 했어. 어른이 된 엄마와 아빠는 뭔가 바쁘고 조금도 행복해 보이지 않는다고 했어. 그리고 내가 알아서 돈을 벌어야 하는 어른이 되는 것이 싫다며, 엄마 아빠가 보호해주는 지금 이대로가 좋다고 말이야. 게다가 초등학교 시절로 돌아가서 공부에 대해 압박받지 않던 그때가 그립다고 했어.

너희 엄마는 성적표를 가지고 야단 치는 분은 아니지. 다만 시험기간에는 최선을 다하라고 하는데, 마치 너를 감시하는 것 같아서 답답하다고 했어. 네 성적은 네가 생각한 대학을 가기에는 턱없이 부족해서 공부를 해도 좋은 결과를 내기는 그른 것 같다고 말했어.

　수업 시간만 되면 졸려서 책상에 누워만 있다고 했지. 중학교 때까지는 서울의 상위권 대학에 충분히 합격할 수 있을 거라고 생각했지만, 고등학교의 첫 성적표로 좌절감을 맛보았다고. 성적을 올리려고 노력해도 힘들었고, 이제는 용기가 나지 않는다고. 그래서 그냥 가만히 있고 싶다고 했지. 대학교 원서도 부모님이 결정해준다면 그대로 따르겠다고. 너는 부모가 네 미래를 정해주기 원했어. 그러면서 책임지기는 힘들어 했지.

　곧 스물이 되는 너는 이상적 자아와 현실적인 자아의 차이 안에서 괴로워하고 있는 것 같아. 사람들이 알아주는 대학에 들어가고, 괜찮은 회사에 들어가 높은 연봉을 받는 그런 미래는 오지 않을 것 같고 말이야. 이제 어떤 대학이나 전공을 선택해도 모르겠다면서. 그래서 네가 진로를 선택할 수 있는 자유를 부모에게 주기로 결정한 것이고. 넌 매사에 시큰둥하고 무기력하다는 이유로 엄마에 이끌려 상담실로 오게 된 거니까.

　네 엄마는 너의 삶을 잘 인도하는 사람이고 싶다고 했어. 그래서 입는 옷, 학원, 친구 들까지 모두 엄마가 선택해왔다고 했어. 엄마는 네가 실패하거나 힘들어하거나 좌절하게 만들고 싶지 않다고 했지. 넌 점점 무기력해졌던 것 같아. 그래, 힘들 때는 몸을 웅크리고 혼자 조용히 있고 싶을 때가 있기는 하지. 공부 잘하는 아이들만을 위해서 존재하는 교육 현실을 탓하고 원망했지. 하지만 이제 네가 원하든 원하지 않든 성인이 되는 시간은 가까이 오고 있어.

어른이 된다는 것은 선택의 연속이더라.

대학을 선택할 때, 대학을 졸업하고 직장을 구해야 할 때, 진로를 변경해서 대학원을 갈 때 그 결정의 몫은 내게 있었어. 선택의 기회가 점점 늘어갔지. 매번 무언가를 선택하는 상황은 두려움의 연속이었어. 내 선택에 따라서 미래가 달라질 것 같은 두려움과 책임감이 나를 눌러오기도 했지. 결정에 대한 고통은 오롯이 내 몫이었으니까.

그래서 다음 단계의 선택이 아닌, 지금 이 상태로 머무르고 싶다는 생각이 들기도 했어. 선택을 통한 고통을 피하고 싶었던 것이지.

회피하는 사람들을 상담실에서 만나게 되는 경우가 종종 있어. 대학 수업을 따라가기 힘들어서 학교를 그만두고 몇 년째 부모에게 의존해서 집에만 있는 경우도 봤고, 대학원 졸업을 앞두고 오랜 기간 논문을 쓴다는 핑계로 시간을 보내는 경우도 있었고, 사법고시를 치는 당일 시험을 회피하는 사람들도 봤지. 그들은 책임을 회피하며 부모를 탓하고 지도교수를 탓했어.

그들의 삶은 타인에게 결정권이 있었고 무기력해 있었어. 스스로가 힘이 없는 존재이고 나약하며 사람들에게서 잊힌 존재라는 생각이 든다고 했어. 선택을 피할수록 기회는 사라지고 그들의 힘은 약해져갔지. 하루 종일 컴퓨터를 보면서 자신들은 어쩔 수 없다고 했어. 그들이 선택한 삶에 대해서 타인을 원망한다고 결과가 달라지는 것은 아니었어.

쉽게 되는 것은 없거든. 아무것도 책임지지 않겠다는 것은 공짜로 어른의 세계에 무임승차하겠다는 것이나 마찬가지니까.

네가 상담 오기 전에 점집을 갔다 왔다고 했을 때는 어쩜 그리도 나와 같은지 하며 웃고 말았어. 너보고 연구원을 하라고 했다지. 선생님이 이십대 시절, 친구가 말하는 사주집을 간 적이 있거든. 나는 그에게 내선택을 맡기고 내 미래를 찾아달라고 했지. 점쟁이는 당시 하던 일을 계속하라고 했지만 나는 용기를 내었어.

지금도 후회하지 않아. 내가 선택한 길이니까. 좌충우돌하기도 했지만 말이야. 안전하고 안락한 삶을 버리고 또 다른 삶을 시작한 거야.

우린 너의 무기력감을 오랜 시간 이야기했지.

네가 너를 돌보는 작업들을 시작했어. 네가 진흙탕에 몸이 빠지고 있지만 아무도 오지 않고 그냥 이대로 있고 싶다는 동굴화를 그렸을 때 혼자만의 세계에 갇힌 네 모습을 볼 수 있었지. 우린 네가 좋아했던 순간들을 찾아가기 시작했어. 넌 네가 만든 음식을 누군가가 맛있게 먹을 때 기분이 좋다고 했지. 요리 웹툰을 보여주며 정말 웃기지 않느냐면서 이야기하기도 했고 말야. 엄마가 반대할 것은 알지만 요리학원을 다녀보겠다고 했어. 조리학과를 생각하고 있다면서 말이야.

그래. 난 미래는 모르겠어.

네가 도전해서 멋진 요리사가 될지 그만두게 될지는 알 수 없는 거니

까. 하지만 네가 너의 미래를 선택할 수 있는 자유를 갖게 된 것은 기쁘
다. 너는 더 이상 어린아이가 아니고, 네가 좋아하는 것이 무엇인지 찾
아갈 수 있으니까. 온전하게 성공하지 않아도 작은 실패를 해도 그건 네
가 찾아갈 길이니까 말이야.

놀이치료를 종결하는 아이에게 보내는 편지 ●●●

해나야. 4년을 너와 함께했구나. 나도 너랑 이렇게 오래 만날 줄은 몰랐다. 네가 처음 와서 했던 말이 기억이 나.

"에이. 이렇게 시시한 데가 어디 있어요? 게임기도 없고."

맞아. 선생님의 놀이치료실은 너네 말로 '핵노잼'이지. 놀이도구도 오래되었고 한쪽 면은 모래놀이 치료도구로 가득한 방이니까. 물건들도 오래된 것밖에 없지. 선생님이 치료했던 시간만큼 오래되었지.

넌 모래놀이 상자에 치료 피규어를 다 모아서 던져버리기도 했어. 네 컷 만화를 그리라고 했더니 올챙이가 자라 사람이 되고 해골이 되어 먼지가 되어버린다고 했지. 인생을 이리도 잘 묘사했는지 보고 놀랐다.

너는 밤이 무서워 혼자서 자는 것은 싫다고 했어. 손톱은 물고 또 물어서 남아나지 않을 정도였고.

네가 물건을 부수려고 해서 선생님이 안 된다고 했을 때, 넌 선생님이 화를 낼까 봐 눈치를 살폈지. 선생님 방에서는 물건을 깨뜨려서도 안 되고, 물건을 가져가서도 안 되지. 선생님만의 규칙은 꼭 필요하단다.

엄마와 아빠는 너를 어떻게 대해야 할지 몰랐어. 넌 사실 특별한 아이야. 다른 아이들보다 똑똑한 아이지. 친구들이 시시하다면서 유치원 때부터 혼자 놀기에 익숙했지. 그래서 선생님을 만나러 온 것이고.

선생님은 너와 함께 엄마를 상담했단다. 엄마는 너를 이해할 수가 없다고 했어. 넌 수없이 많은 미로를 그렸어. 그 누구도 들어올 수 없게 말이야. 미로에 들어오면 괴물만 있다고 했어.

모래놀이 상자에서 폭발이 일어나서 명왕성과 천왕성과 화성이 생겼다고 했지. 그리고 많은 사람들을 죽이고 또 죽였어. 그러다가 아이가 태어났고 또 죽었지만 다시 살아난다고 했어. 너는 수없이 죽고 살아나는 놀이를 했지.

그러다가 스마트폰 게임 이외는 시시하다면서 쳐다보지 않던 보드게임을 시작했고 "여기 매일매일 오고 싶어요"라고 했지.

그래도 선생님을 약을 올리는 것은 그대로였어. 미운 말만 하고. 게임에서 지면 소리 지르기 일쑤였지. 선생님에게 졌던 어느 날 너는 이렇게 말했어.

"괜찮아요. 질 수도 있죠, 뭐."

어느 순간부터 너는 손톱을 물지 않았고 친구들이 생겼어. 너의 엄마는 다른 엄마들과는 달랐어. 문제들은 없어졌지만 네가 그만두고 싶을 때까지 시간을 주고 싶다고 했지.

어느 순간부터 해나가 오지 않아도 될 것 같은 느낌이 들었지만 해나는 계속 오고 싶다고 했지.

그러던 네가 "이제 안 와도 될 것 같아요. 친구들과 놀고 싶어요"라고할 때 기뻤단다. 물론 너를 다시 보지 못할 것 같아서 아쉬운 마음도 있지만 선생님은 너를 보내야 하는 사람이니까.

해나야. 선생님과 마음 카드 놀이를 하면서 네게 유머가 생긴 것 같다고 했지. 어른들도 상담이 종결될 즈음이면 유머 감각이 살아나던데너도 그렇더라. 마지막 날 선생님은 너와 함께했던 그림들과 사진들을네게 보여주었지.

그리고 선생님이 쓴 상담기록지도 같이 읽었지. 넌 "제가 왜 그랬대요. 그땐 어려서 그랬나 봐요"라며 웃었어.

그리고 엄마와 아빠가 이제는 너와 놀아주고 시간을 보내줘서 좋다고 했어. 부모님이 달라졌다며 네 이야기를 이제는 잘 들어준다고 했지.

그래. 네가 자라듯이 엄마의 마음도 몇 년 동안 많이 자랐어.

그리고 해나야. 너는 절제, 용기, 사랑, 믿음 등이 마음에 생겼으면 좋겠다고 했지. 네 안에는 그런 절제, 용기, 사랑, 믿음의 씨앗이 이미 자라고 있어. 선생님 눈에는 보이는데 네가 아직 찾아내지 못했나 봐. 그리고 소중한 마음을 갖게 된 부모님이 이젠 너와 함께할 것 같아.

그리고 이제 너를 못 보겠지만 내 안에는 너와 함께한 기억이 있고,

네 안에도 너의 기억이 있을 것 같다.

　너는 네가 할 수 있는 가장 큰 마음을 담아서 감사하다는 말을 하고 싶다고 했지. 나도 너와 함께해서 고마웠어.

　너는 특별한 아이고 또 그런 어른이 될 것 같다. 어른이 되어서 넘어지고 슬플 때도 있지만 네 마음 안의 용기와 사랑을 찾을 수 있을 거야.

　넌 특별한 아이라는 걸 잊지 마.

엄마도 아들은 처음이라

© 안정현, 2019

초판 1쇄 인쇄일   2019년 10월 2일
초판 1쇄 발행일   2019년 10월 10일

지은이   안정현
펴낸이   정은영
기획편집   고은주 정사라 한지희
디자인   한수영
마케팅   이재욱 백민열 하재희 한지혜
제작   홍동근

펴낸곳   꿈지락
출판등록   2001년 11월 28일 제2001-000259호
주소   04047 서울시 마포구 양화로6길 49
전화   편집부 (02)324-2347, 경영지원부 (02)325-6047
팩스   편집부 (02)324-2348, 경영지원부 (02)2648-1311
이메일   spacenote@jamobook.com

ISBN 978-89-544-4006-6 (13590)

이 도서의 국립중앙도서관 출판시도서목록(CIP)은 서지정보유통지원시스템 홈페이지
(http://seoji.nl.go.kr)와 국가자료공동목록시스템(http://www.nl.go.kr/kolisnet)에서
이용하실 수 있습니다.(CIP제어번호: CIP2019035627)